これからの時代を生き抜くための生物学入門

五箇公一

辰巳出版

これからの時代を生き抜くための生物学入門

まえがき

本来ならば、「本書を書く前に」、と書くべきところですが、実はこのまえがき部分は、本書を書き終えて最後の校正をしている最中に書いています。2018年初めに「一般の読者でも読める、生物学や進化の話を面白おかしく書いた本ができないだろうか」という話をもらい、それならば、編集担当の方々と、ざっくばらんに茶飲み話でもして、その内容を口述筆記という形でまとめてみようということになりました。

その年の春から、何回かに分けてインタビューを受けて、記録を取り、文字起こしをして、それを文語調に修正するという作業を繰り返しました。最初は、「大人向けに」生物学のエロい話を作ろうというコンセプトでスタートして、生物における性の進化の神秘や、多様でキテレツな交尾形態をメインに書くつもりが、インタビューを重ねるうちに、次第に人間という生物の「異質性」「特異性」に話題の中心が移り、そもそも「人間とは何なのか」といったやや哲学めいた話にまで話の風呂敷が広がってしまいました。

人間の性行為の特異性や嫉妬心の進化的考察から始まり、差別やいじめの問題、遺伝子優生論やLGBTに対する考え方など、人間社会に潜む歪みやジレンマとその原因について生物学的に分析を試みて、かなり深刻な話題にまで到達しました。ただし、重苦しく考えるというより、そこにも生物学的な性《さが》としての説明を加えることで、むしろ自然な現象として捉えられるように書いてみました。そうすることで、みんながそうした歪み・ジレンマを自然に理解できるようになって、それを乗り越える方法も前向きに考えられるのではないかと期待しました。

さらに、人間と自然の関わり方が人間社会に与えるであろう影響についても、本業の環境科学の見地から語らせていただきました。地球温暖化や野生生物絶滅の危機、外来生物の問題など、環境問題のトレンドとその原因に私たちの生活が深く関わっていること、そしてこれからの自然共生社会のあり方についても考えてみました。

そんな感じで、行き当たりばったりで、思いついたことを勢いに任せてしゃべり続け、書き起こしたものですから、科学的な妥当性が必ずしも十分ではない解説や表現が混じっているであろうことも正直否定はしません。特に人間を含め生物の性や行動の進化については、生物学の世界でももっともホットな研究分野とされ、今でも新しい理論や説が提案され、議論され続けています。なので、本書を読んで少しでもそうした分野に興味や関心が湧いた方は、ぜひ、さらに高度な専門書にも目を通してみていただきたいと思います。

また、折しも出版を迎える直前に新型コロナが人間社会を襲い、世界中の人々が行動変容と生活変容を求められている今この時期に、本書の出版を迎えたことはタイムリーだった気もします。本書に記した人間社会の未来についての考察が、私たちが今後、どのようにｗｉｔｈコロナ時代を乗り越え、どのようなポストコロナ時代を作り上げていけばいいのかを考える上でのヒントになれば幸いです。

これからの時代を生き抜くための生物学入門　目次

第1章

性のしくみ

オスとメス、性って一体なに？

最初に性とはなにか？　みんな考える設問ですね。ほとんどの生物にオスとメスがいて、人間なら卵子と精子が接合することで子ども、子孫が生まれるという「有性生殖」を行っています。

生殖には「有性生殖」と「無性生殖」の2種類があります。無性生殖は自らの分身を作る形で増える方法で、いわゆる「クローン繁殖」のこと。アメーバ、ミドリムシ、ゾウリムシ、イソギンチャク、クラゲ、昆虫類、ダニ類など、どちらかというと進化の歴史上、古めの生物によく無性生殖が見られます。一方、われわれ人間を含め脊椎動物だと「無性生殖」はあまり見当たりません。

少なくともわれわれが日常で目にする生物は植物でも動物でも性がある有性生殖が一般的。でも考えてみれば、なんでメスとオスという性が存在するのか、不思議に思えませんか？

単純に増えることだけ考えれば、無性生殖の方が効率はいい。オスの存在なんて必要がなく、自らを分裂させて、あるいは自らのコピー遺伝子を持った卵を生んで増殖ができる。でも、増やす効率は一番いいんですが、同じ遺伝子セットのコピーを繰り返すため、増えた個体間には変異がない。環境が安定していればそれでも問題はないのですが、水質が悪くなる、気温が高くなる、エサが不足するなどの環境の悪化が起これば、全個体が適応できずに共倒れ＝絶滅してしまいます。

地球の歴史を振り返ってみると、生物の原初は無性生殖の方が優勢だったと考えられます。しかし、地球環境の変化が起こるたびに、適応できなかった無性生殖生物は滅び、一方で手間のかかる有性生殖生物の中から適応できる個体が生き残る、という淘汰が繰り返されてきた。その歴史の中で、性を持つ生物が高等生物の中では一般的になったと考えられます。

もともと性ができた究極要因は、遺伝子を交換＝シャッフルして、多様性を高めることだったのです。

生物は進化を続けないといけない運命である

前にも書いた通り、無性生殖＝クローン増殖だと、同じ遺伝子コピーを持った個体ばかりになって多様性がありません。そのため、環境変化に耐えられずに滅んでしまう確率が高い。もちろん無性生殖する生物でも、遺伝子の突然変異、すなわちＤＮＡのコピー・エラーによって、新たな遺伝的変異を手にすることはあります。しかし、その頻度は極めて低く、急激な環境の変化にはついていけません。

そんな中で、生物が編み出した戦略が、個体同士でお互いに持っている遺伝子を交換して新しい遺伝子セットを生み出すという「有性生殖」だったのです。ここで有性生殖の進化原理として「赤の女王仮説」が出てきます。これは「生物は進化し続けなければいけない」という仮説です。

ルイス・キャロルの『鏡の国のアリス』に登場する赤の女王は、その場にとどまるために、全力で走り続けます。それは生物が変わり続ける自然環境の中で、自分の立ち位置を維持するために変化し続けることと似ています。そこから名付けられました。

生物は進化を繰り返して、今に至る

そもそも生物とはどのように誕生したのか。最新の研究データに基づけば生物誕生はまさに奇跡の連続の産物だったとされています。その説のひとつに「ジャイアント・インパクト説」があります。今から45億5千万年前、誕生して間もない地球に火星と同じ大きさの星が衝突するという一大事変が起こりました。この衝突によって地球の一部がえぐり取られて、宇宙空間で固まって地球の周りを回る衛星ができました。月の誕生です。ぶつかった衝撃で灼熱のマグマの塊となった地球と月は徐々に冷やされていき、地球上では水蒸気が雨となって降り注ぎ、今から43億年〜40億年前の間に海が誕生しました。その間も地球には無数の隕石が落下を続け、生命の原材料となるアミノ酸などの有機物が隕石とともに海中に持ち込まれたと考えられています。

当時、月は今よりずっと地球の近くを周回していて、その引力によって、海は激しく波打ちました。この波動の中で、海中に溶け込んでいる分子同士が結合して、遺伝子＝ＤＮＡの基となる「核酸」といわれる物質が生成されました。そして高い波によって常に波打ち際に漂い続ける無数の「泡」の中で、この核酸という物質が取り込まれて濃縮し、核酸同士が鎖状につながり、ＤＮＡが偶然に合成されました。このＤＮＡこそが自身のコピーを作る能力を持つ物質であり、生命の「核」となったのです。

最初の生命は膜の中でＤＮＡのコピーを作るだけの単純なユニットでしたが、やがてＤＮＡの情報からタンパク質が合成されるシステムが完成し、タンパク質から細胞というＤＮＡの入れ物が作られ、単細胞生物が誕生しました。このとき細胞同士の増殖競争が始まりました。よりたくさんのコピーを残したものが勝ち、という「生物の基本原理」の登場です。正確にはＤＮＡが誕生したときからＤＮＡ同士の増殖競争は始まっていました。ですが、単細胞生物が誕生したことにより遺伝子同士の競争が、生物同士の競争に置き換わったわけです。

ただし、「競争」といっても、遺伝子や細胞に意思があって増え始めたわけではありません。単に限られた資源の中で先に増えて資源を消費した方が「生き残る」という結果論にすぎず、増える＝コピーを繰り返す、というＤＮＡの化学反応自体は偶然に生み出されたものなのです。やがて単細胞生物同士がくっつき多細胞生物が誕生し、多細胞生物はさらに複雑な構造を持つ生物へと変化を繰り返していきました。単細胞生物にしろ、多細胞生物にしろ、最初のうちは無性生殖＝自身のコピーで増殖をしていました。

＊

ところが、ここで困ったことが起こり始めました。生物が高度化するに従い細胞にとりついてエネルギーをもらおうとする寄生者が進化してきます。これがウイルスやバクテリアなどです。宿主としてはエネルギーを吸い取られたら、当然増殖の効率が落ちてしまいます。だから、宿主である細胞生物体もエネルギーを取られないように進化します。

例えば、細胞の殻を硬くして寄生者が侵入しにくくしてみたり、免疫を発達させたりと、抵抗力をつけるわけです。そして寄生者もそれを突破しようと自身の構造を変化させ、宿主との間で進化のいたちごっこが始まります。これを軍拡競争型共進化といいます。

そのとき、分がいいのはＤＮＡ構造が単純で世代交代の早い小さい寄生者です。次から次へと新手の寄生方法が編み出され、宿主は進化が追いつかなくなります。

ウイルスに対抗する画期的な進化＝性の分化

寄生者の素早い進化とは、宿主にとっては、自らのコピーの存続に関わる劇的な環境の変化にあたります。この絶え間ない環境変化に対抗するために宿主生物が編み出した戦略が「遺伝子を宿主の間で交換する」という画期的な方法、すなわち有性生殖でした。この方法によって、宿主生物集団内の遺伝子の多様性を高めることで、寄生者の蔓延を防ぎ、それぞれの宿主生物の子孫を残す確率を上げたのです。

ただし、有性生殖が登場した時点ではまだオスとメスという性は存在しませんでした。例えば、単細胞生物のゾウリムシは普段は無性生殖で増えますが、ある程度、細胞分裂を繰り返すと、ほかの個体と接合（いわゆる合体）して、お互いの遺伝子の交換を行います。この接合は有性生殖の先駆けと考えられます。

ゾウリムシにはオス・メスの区別はなく、異なる遺伝子を持つもの同士で行われます。接合の後、分かれたゾウリムシはまたそれぞれ細胞分裂によるクローン繁殖を繰り返します。

多細胞生物になるとゾウリムシみたいに細胞同士の接合という単純な形での遺伝子の交換は

難しくなります。そこで、自身の遺伝子セットが半分入った生殖細胞を体内で作って、それを他個体の生殖細胞と合体させることで新しい遺伝子セットの子孫を生み出すという生殖様式を進化させました。つまり精子と卵子の合体＝受精です。

しかし、ここでまた疑問が生まれます。なぜ精子と卵子というふたつの生殖細胞が進化したのか、ということです。そしてこれこそが性の分化の根源でもあるわけです。生物が複雑化・高度化するにつれ、成長に時間がかかるようになります。配偶子が接合して細胞分裂を始めて個体に成長するまでの過程を胚発育といいますが、この胚発育には栄養素が必要となります。栄養を外界から吸収したのでは、環境に左右されて途中で成長が失敗するリスクが高くなります。そこで胚が個体になるまでの栄養を蓄えた配偶子として卵が進化します。

一方、卵は栄養を蓄えた分、個体は大きくなり、生産量を稼ぐことが難しくなります。つまり1回に生産できる数に限りが生じます。数が減れば配偶子同士が出会う確率は低くなってしまいます。そこで限られた卵子に対して、サイズを小さくすることで、大量に生産可能な配偶子が進化します。これが精子の進化です。さらにこの小さな配偶子には、大きくて動きにくい卵子との遭遇確率を上げるための運動性も備わるようになりました。

こうして配偶子に卵と精子という二型が生まれ、それぞれを生産するのに特化した個体としてメスとオスが生まれました。生物が進化して複雑になるにつれ、メスとオスの間の形態的・

機能的な差異はどんどん大きくなっていきました。これを性的二型といいます。

高等動物では、機能的な制約で、メスとオスの分化がどんどん進みました。人間でいえば、女性が子どもを生む。男性が狩猟をする。そのようにそれぞれの役割が特殊化すればするほど、女性と男性の体格差は大きくなっていったのです。

カタツムリはオスとメスが同じ？　雌雄同体の生物たち

動物の中には性の分化が曖昧な種もいます。カタツムリは1個体の中にメスとオスの両方の生殖細胞を備えており、1匹で卵子も精子も作れます。そんな2匹のカタツムリは出会うと合体して、お互いの精子を交換して受精を行います。これを雌雄同体といいます。マジンガーZのあしゅら男爵みたいな生物ですね。雌雄同体は一般的に貝類やウミウシ、ナメクジ、ミミズなど移動能力が乏しい種に多いとされます。

こうした動物たちの場合、もし、雌雄が二極化していたら、一生懸命移動しても出会った相手が同性だったときのガッカリ感というか、ダメージは絶大です。次の相手を見つけ出すまでに寿命が来てしまうかもしれません。だからお互いがメスとオスの両方の役割を果たせるように進化したのでしょう。

アニメ映画で人気者になったカクレクマノミは性転換する魚です。最初は全員オスとして生まれ、集団の中で一番大きな個体がメスに性転換します。そしてその次に大きなオスの個体と交尾をする。小さくて常に天敵の脅威にさらされるクマノミとしては、オスの多くを犠牲としながら、最大限にたくさんの卵を残せる一番大きなメスを1匹だけ残しておくという戦略をとったのでしょう。

逆にホンソメワケベラという魚は、最初はみんなメスで、群れの中で体が一番大きな個体だけがオスになって、周りのメスを従わせます。このケースでは大きくて強い個体が縄張りを守って、たくさんのメスを囲うことでたくさんの子孫を残すという戦略をとったものと考えられます。

子育ての必要性の高い鳥類や哺乳類では、メスとオスの分業はより進んだものとなり、雌雄同体の種や性転換する種はほとんど見られません。オスは縄張りを守ったり、エサを捕まえてきたり、と子孫繁栄に重要な役割を果たします。

一方で、子どもを生まないオスというのはメスから見れば、遺伝子の運び屋にすぎず、資源の無駄飯食いにもなります。特に環境が安定していて、決まった遺伝子型さえコピーしていればいいのであるならば、オスは不要になってしまいます。

オスは受精するためのスイッチ⁉

進化の途上で、有性生殖をやめたと思われる生物がいます。

カブリダニというダニを食べる肉食性のダニは、もともとのオスの個体が少数です。このオスはメスと交尾して、受精させますが、受精卵が育つ過程でオスの精子の遺伝子は溶けてなくなってしまいます。結局メスのクローンが生まれてきて、オスの遺伝子はひとつも入っていません。

このような形態を偽産雄単為生殖といいます。

オスの遺伝子は使ってもらえないのですが、オスと交尾しないとメスは次世代のメスを生むことができません。なので、オスの受精が胚発育のスイッチの役割を果たしているのではないかといわれています。

ダニの多くは有性生殖をしており、カブリダニももともと有性生殖をしていたと思われます。しかし、彼らの生息環境において、それほど変異を必要としなくなったのかもしれません。そうなってくるとメスとしてみれば子どもを生まないオスを生産することは無駄になってきます。で、「もうオス作るのはやめようかな〜」と進化している途中の段階がこの偽産雄単為生殖という中途半端な生殖様式なのではないかと考えられます。

これは、無性生殖＝クローン繁殖の一歩手前の段階です。いよいよオスが一切不要という環境に適応すればクローン繁殖が始まると予測されます。このようにカブリダニという種は、生殖の進化の過程が観察できる重要な生物ではないか、と勝手に考えています（実際にその進化プロセスは、詳細な系統関係の分析が待たれます）。

「退化」も進化の一種である

環境が安定していれば、オスは無駄になります。前に書いた通り、子どもを生まないくせに資源の半分を奪うだけの無駄飯食いになります。そうなってくるとあまりオスを生まない系統の方が子孫＝遺伝子を残す上で有利になってくるし、いっそメスしか生まない系統の方が繁殖戦略上、一番効率がよくなって、単為生殖へと進化することになります。

ただし、単為生殖だと、もし天変地異が起こって食料がなくなったり、水がなくなったりなどの劇的な生息環境の変化が生じたら、間違いなく絶滅するリスクは高くなってしまいます。カブリダニも今はいいけれど、将来、なにか起これば絶滅してしまうかもしれないのです。

そう考えたらカブリダニは、せっかく進化させてきた有性生殖を捨てて偽産雄単為生殖へと

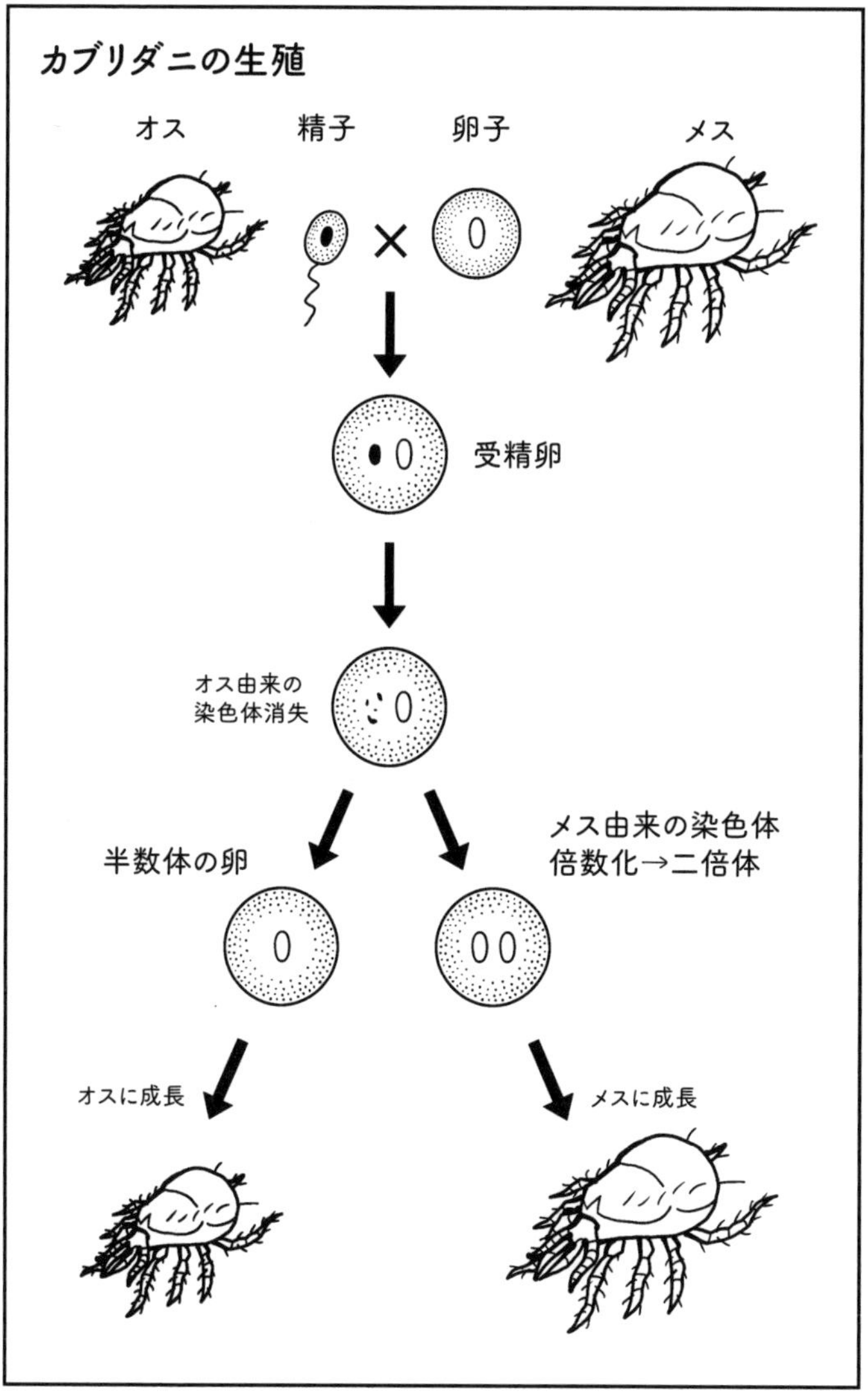
カブリダニの生殖
オス
精子
卵子
メス
受精卵
オス由来の
染色体消失
半数体の卵
メス由来の染色体
倍数化→二倍体
オスに成長
メスに成長

鞍替えして、「退化」＝「進化の逆行」をしていると見えるかもしれません。でも、実はこれも進化なのです。

「進化」という言葉は、「進む」という字が入っているから優れたものに変化すると思われる人も多いようですが、そうじゃないんです。

生物がどのように進化するかは、すべては環境が決めることです。そのときの生息環境において不利な形質＝遺伝子は排除される。その環境で生き抜く上で必要な形質であれば、より特殊化する。それまで有利だった形質が、環境の変化とともに消失する。あるべき形質・機能が姿を消す。ひとはそれを「退化」と呼びますが、それも進化です。

そう、太古の昔、人類にあったはずの尾がなくなったのは、進化なんです。必要がなくなったから、尾がない方に進化したんです。

洞窟など、暗黒下で生息する動物の多くの目が退化しているのも、利用価値のない目を作る資源やエネルギーをほかの器官や細胞の成長に回した方が得だということで目を作らない方向に進化したのです。しかし、洞窟という生息環境が失われれば、目がないことが不利になって、絶滅してしまう種も出てくると考えられます。そのときそのときの環境で有利・不利が決まり、それまで圧倒的多数を占めていた形質や系統が突然消滅する。それが生物の進化の原理なのです。

性淘汰の中でオスは不要とならないよう頑張る……

話をカブリダニのオスに戻します。私も男ですから、遺伝子が使われないカブリダニのオスの不憫さには同情します。元はといえば、カブリダニのオスも、精子の運び屋にすぎなかったからこそ、遺伝子の交換が不要になればお役御免となったわけです。いってみればカブリダニのオス（の精子）は、メスの淘汰を受けて消滅したことになります。

結局、子どもを生むという機能がメスにある限り、メスが消滅することは絶対にありません。しかし、オスの方は、精子の運び屋にすぎないので、すべてのオスが生き残る必要はなく、最悪、ゼロになる（無性生殖）という憂き目にあうおそれもあります。オスが生殖にたどり着き、自分の遺伝子を残せるか否かの命運はメスに握られているのです。次はこのメスによる淘汰＝「性淘汰」の話をしていきます。

生殖の競争というのは、優秀な遺伝子の取り合いになっています。生物にとっては、別種はおろか、同種であっても、すべて他個体は敵で、とにかく他個体よりも自分の遺伝子を少しでも多く残すことが重要となります。このときメスとオスの間には不平等が生じます。子どもを生むことができるメスは圧倒的にオスにモテます。なぜならオスは子どもを生めないから。なので、オスはなにがなんでもメスを確保する必要がありますし、できれば少しでも多くのメスに自分の精子を与えることが自分の遺伝子のコピーを増やすことにつながるので、すべてのメスは、確実にオスに求められるのです。一方のオスは、必ずしも全員がモテるわけではありません。メスにしてみれば、オス全員を受け入れる必要はなく、むしろ自分の卵子に少しでもふさわしい優秀なオスにだけ交尾をさせて、「エリート」な子ども（つまり、生き残る力、繁殖する力の強い子ども）を生む方が、最終的に自分の遺伝子のコピーをこの世に広げる上で得になります。

そこで、メスはオス同士の間で力比べをさせて、オス間競争に勝ち残った強いオスだけを選ぶように進化します。これがメスによるオスの淘汰＝「性淘汰」といいます。

百獣の王ライオンの群れのリーダーは、成熟したオスです。リーダーは数頭〜十数頭のメスを従えたハレムを形成します。オスがメスを従えていると書きましたが、実際にはメス集団が強いオスを1頭だけ選んでいるのです。強さはオス同士のケンカで決まります。メスにとっては、広い縄張りを確保できる強いオスの遺伝子があれば、自分の子どももまた強い個体となって生き残る確率が高くなると期待できます。

もし、逆にメス同士に争いをさせるとどうなるでしょう。争いに負けたメスは、群れを去るか、殺されてしまうことになります。種全体にとってメスを1頭喪失するのは大きな問題です。

オスが1頭いなくなるのはたいしたことじゃない（笑）。そういう意味でもオスは使い捨てなんですね。

ダニの世界にもあるオス間闘争

チョウチンアンコウのメスの体にはオスがたくさん寄生していて、最後にはなんとメスと同化します。その中の1匹だけが精巣として選ばれ、一生を終えます。カマキリの交尾は命がけです。なんせ、カマキリは動くものはなんでも獲物と思い込んで捕まえて食べてしまいますから、オスはメスを見つけてもうかつには近づけません。気づかれないようにアプローチしてメスが油断したところで一気に背中に乗って交尾を開始します。このアプローチに失敗するとあえなくメスの犠牲となり、バリバリ食べられてしまいます。メスによる捕食という淘汰圧をかいくぐったオスの遺伝子だけが、受け継がれるようになっています。

私が専門とするダニの世界にすら激しいオス間闘争があります。植物の葉に寄生するハダニという害虫にはメスとオスがいて交尾もします。ところが、メスは1回の交尾で体内の精子貯蔵タンクがいっぱいになってしまうので、2回目以降の交尾は無効となります。つまりオスはバージンのメスと交尾しないと自分の精子は受精に使ってもらえないことになります。しかし、目の前を歩いているメスが未経験なのか経験済みなのかは区別がつきません。

そこでオスが編み出した戦略が、成虫になる前のメスの蛹《さなぎ》を確保するという行動です。オスはメスの蛹に乗っかって三日三晩飲まず食わずでメスが脱皮して成虫になるのを待ち続けます。そして、脱皮が始まったらオスは大慌てで皮を脱ぐのを手伝い、出てきた新成虫のメスとその場で交尾をするのです。人間に例えることが憚《はばか》られる交尾の様式ですが、オスにしてみれば自分の遺伝子が残せるか否かの瀬戸際ですから、人間にどうこういわれる筋合いもないことでしょう。ところがせっかく蛹のメスを見つけても必ずしも交尾に至るとは限りません。オスが蛹に乗っかっていると、そこに別のオスがやってきて蛹を横取りしようとして争いが起こります。

このときオスは普段は植物の汁を吸うためのくちばしをフェンシングの剣のように振りかざして、相手を刺し殺すまで戦います。こうして闘争の勝者のみがバージンのメスを得ることができるのです。メスは眠っている間にオス同士を競争させているといえます。

オスが自分の人生を謳歌できるのは人間ぐらいです。人間の男性からすればハレムを営むライオンが羨ましく見えることもありますが、あれは勝ち組だけの特権。負け組は放浪して子どもも残せずに死んでしまうのがほとんどだとされます。

オスはあえてハンディキャップを背負う

生物の究極の目的として、メスが強いオスを選ぶのは、生まれてくる子どもが生き残る確率を上げるためです。強いオスならたくさん資源を持ってきてくれ、縄張りもある。ほかのオスに襲われる心配もない。そしてそんな強い形質の遺伝子を子どもに残せれば、子どももまた強いオスとして、次の子孫を残す確率が高くなる。だからこそ強いオスは魅力的なんです。

そうなると、オスとしては自分の「強さ」をメスに積極的にアピールしたくなります。そこで登場するのが「ハンディキャップ理論」です。

クジャクのオスの羽は豪華絢爛ですよね。それにしてもなんであんなでっかい装飾品を身につけているのでしょうか。目立つし、重たいし、飛ぶのにも邪魔です。当然天敵にだって狙われやすくなります。

実はこれ、メスにアピールするための道具なんですね。こんなにでかい羽をつけていても「オレは生き残っているんだ。スゴいだろう」というオスのアピールなのです。

メスは「こんなごちゃごちゃと装飾をつけて、生き残っているんだから、相当エサの確保が上手で、闘争能力が高く、逃げる能力にも長けているオスに違いない。その子どもなら立派に育つだろう」と判断してできるだけ立派な羽をつけているオスを選ぶわけです。

要するにクジャクのオスは「目立つ」というハンディキャップをどれだけ乗り越えられるかで、自分の適応度＝子どもを残す確率を誇示し、メスに選ばれる確率を上げようとしている。メスに選ばれるために見せつけているのです。魚や鳥でも派手な色をしたり大声で鳴くものにオスが多いのは、同じ理由で、「目立つ」ことがメスを惹きつけ、交尾する確率を上げるのです。

人間の男性にもその片鱗が見られます。例えば、お酒の一気飲みとか、高い崖からジャンプして飛び込むなど、特に女性の前で「イキって」危険な行動をして見せたがるのは「自分はこんなに危険なことをする度胸がある。それを乗り越える力量があるんだ。だからオレを男として選んでくれ！」というアピール本能が潜在しているからといえます。

過去には装飾をやりすぎて滅ぶ種族もいました。自分で自分のクビを締めた種はサーベルタイガーやギガンテウスオオツノジカ（巨大なツノのシカ）です。やたらと大きな装飾をつけすぎて、環境変化がきたときに耐えきれず絶滅してしまいました。

DNAのコピーミスは単なる失敗ではなく、進化の礎だった

実は進化はいいことばかりではありません。遺伝子は勝手にいろんなことをデザインします。それがたまたま生息環境においてフィットして、かつほかの個体より有利になれば、そのデザインが集団中に広がり、最終的に古いデザインと置き換わります。逆に環境にそぐわない珍妙なデザインだと、そのデザインは不採用となり、すぐに絶滅します。

そして、現在うまくいっているデザインも、環境の変化とともに突然不利になり、絶滅することだってあります。だからこそ、遺伝子は常に次の環境変化に備えて試行錯誤を繰り返しているのです（ただし、遺伝子には意思はありません。正確には勝手に試行錯誤を繰り返し、たまたま環境に合う合わないで、その試行産物（変異）は残ったり、消えたりする、ということです）。

現在生きている生物たちのデザインは、私たち人間も含めて、決して完成形というわけではなく、たまたま今の環境に適合しているから採用されているのであって、試行錯誤の途中経過にすぎないのです。

一方で、箸にも棒にもかからない、毒にも薬にもならないような、どうでもいい形質が、環境の淘汰にかからず宙ぶらりんに残ることもあります。それは、目に見える形質の進化ではなく、遺伝子の本体であるＤＮＡレベルに起こる進化のことです。

進化は、ＤＮＡにも起こります。というよりも、生物の進化の始まりは、ＤＮＡの進化にあります。今更の説明になりますがＤＮＡというのはアデニン（A）、グアニン（G）、チミン（T）、シトシン（C）という４つの塩基がつながってできており、このAGTCという４文字の並び方で生物のさまざまな機能や形質が決まります。ＤＮＡは細胞分裂のたびに正確にコピーされて新しい細胞に取り込まれるのですが、ごく稀にコピーにエラーが生じることがあります。例えばAAGCCTTCCとコピーしなくてはならないところをAACCCTTCCと１塩基間違えてコピーしてしまうということが起こるのです。

　このコピーミスが突然変異と呼ばれるものであり、ここに新しいＤＮＡが誕生したことになります。そしてこの新しいＤＮＡが次の世代に受け継がれていく。世代を経るにつれて、さらに違ったＤＮＡが生み出され、また受け継がれていく。これがＤＮＡレベルの進化であり、専門用語で「分子進化」といいます。

「えっ？　進化って形が変わることじゃないの？」と思われるかもしれませんが、ＤＮＡの塩基配列が変わるということは、ＤＮＡの形に変化が起こったことを意味しており、これも立派に進化といえるのです。

　変化したＤＮＡが、その生物の生理的機能や表面上の形に変化をもたらすことは極めて稀です。逆にいえばＤＮＡに少々の変異が生じても、生物の形は滅多に変化できないようになっています。なので、分子レベルの進化は、ほとんどが箸にも棒にもかからない、どうでもいい

「環境に対して中立的」な進化として起こっています。

ごくごく稀に、形や機能に変化をもたらす変異が生じることもありますが、ほとんどの場合は既存の形や機能にかなうことなく、その変異は集団中から滅んで消えてしまいます。ごくごく稀な形や機能の変異の中でも、微小な確率で、より有利な形や機能に結びついたときだけ、その新しい機能遺伝子が集団中に生き残り、形や機能の進化が起こります。だから形や機能の進化というのは長大な時間を要します。

また、生物の持つDNAの領域のうち体の形や機能をつかさどっている遺伝子領域はごく一部で、ほかの大部分の領域は機能していない中立的な領域だとされます。

これは、遺伝子自体が進化していくうちに、使われなくなった遺伝子領域や複製の失敗作が積み重ねられてできたものとされ、ジャンクDNA（ガラクタDNA）と呼ばれます。こうした領域における変異は、生物の体の作りにはなんの影響も及ぼさないので、ランダムに起こってランダムに蓄積します。つまり環境とは無関係に進化を繰り返しています。

実はこの「無意味で無駄なDNA領域」での「無意味で無駄な分子進化」も、生物の革新的な進化、すなわち種レベルの進化につながっているかもしれないのです。この無駄な領域でDNAが自由に塩基置換を繰り返しているうちにたまたま今までになかった新規な形質を「発明」する可能性もあるからです。いわば潜在的に有利で新しい遺伝子部品の貯蔵庫の役割を果たしているというわけです。

さらに最近の研究では、これまでただのガラクタと思われていたジャンクDNA領域が遺伝子発現のコントロールをしている可能性が示されており、実はガラクタではなくて、とても大事な領域かもしれないと議論されています。

もっと驚くべきことに人間のジャンクDNAを詳細に調べた結果、どうやらその起源がウィルスにあるらしいという仮説も提唱されています。

つまり人間という生物が進化するまでの過程で、ウィルスのDNA情報を自らのDNAに取り込み、それをも進化に利用してきたとされるのです。要するに使える材料はなんでも使ってみて、生物は進化というチャレンジを続けてきたといえます。

DNAの進化については今も世界中で研究が進められているホットな分野であり、これからも新しい知見によって従来の仮説や定説が塗り替えられていくことでしょう。

ただ、ひとついえることは「進化とは遺伝子＝DNAの飽くなき試行錯誤の繰り返し」であり、この「試行錯誤の連続」＝「変わり続けること」こそが、生物の本質であり、38億年という長い歴史を生物が生き抜くことができた最大の理由でもあるのです。

生物学的にはオスは悲しい生き物だった

先ほどのハンディキャップ理論の元となっているのが、ダーウィンが発見した「性淘汰」です。これはものスゴい功績だと思います。

性淘汰という視点から見ると、多くの生物はダーウィンのいう通りに進化しています。オスは闘争の道具ですし、その闘いをメスは厳しい目で眺めている。

おおむね多くの生物は、オス同士が競争します。競争させているのはメスです。「私が欲しければ勝ち残ってきなさい」という社会を作っています。

人間でも子どもを生んでくれるのはやはりメスです。

よく人間の夫婦でいわれることが、子どもができた途端に父親の存在が薄くなる。ある意味これは生物学的に当たっています。オスは精子を運ぶための道具にすぎません。今や女性も自立し、オスの助けを借りずとも、生活に必要な資源（お金や食料）が手に入るのであるならば、父親の遺伝子が子に残った時点で、父親の必要性を低く感じる人もいることでしょう。自分もオスですからこんなことをいうのはつらいですけどね（笑）。あるとき天変地異が起こり、父親と子どもが死にかけている。どちらかしか助けられないとすれば、多くの母親は真っ先に子どもを助けるのではないでしょうか……。それが生物としての本能だと思います。

＊

生物学的に見るとオスは悲しい存在です。メスに試され、メスのお眼鏡に適うために、一生懸命アピールしたり、ケンカしたり、常に命がけの求愛に走り続けなくてはなりません。メスとの交尾を果たせなかったオスは早々に天敵に喰われるか、仲間から喰われるか、寿命がメスより早くきて死んでしまうという末路をたどることになります。

ただし、現代の人間社会だと男は独身でもそうした厳しい自然淘汰を受けずに生き残り、それなりに自分の人生を謳歌し続けられます。実にありがたいことです。世の男性諸氏は人間に生まれたことに感謝しなくてはなりません。

哺乳類最大級の精子を持つフクロミツスイ

では、次にオス・メス、男女の性差の中でも体のサイズやそれに伴う不思議な交尾の話に入っていきましょう。

生物全体で考えると概してメスの体の方が大きいことが多いです。なぜならメスは子どもを

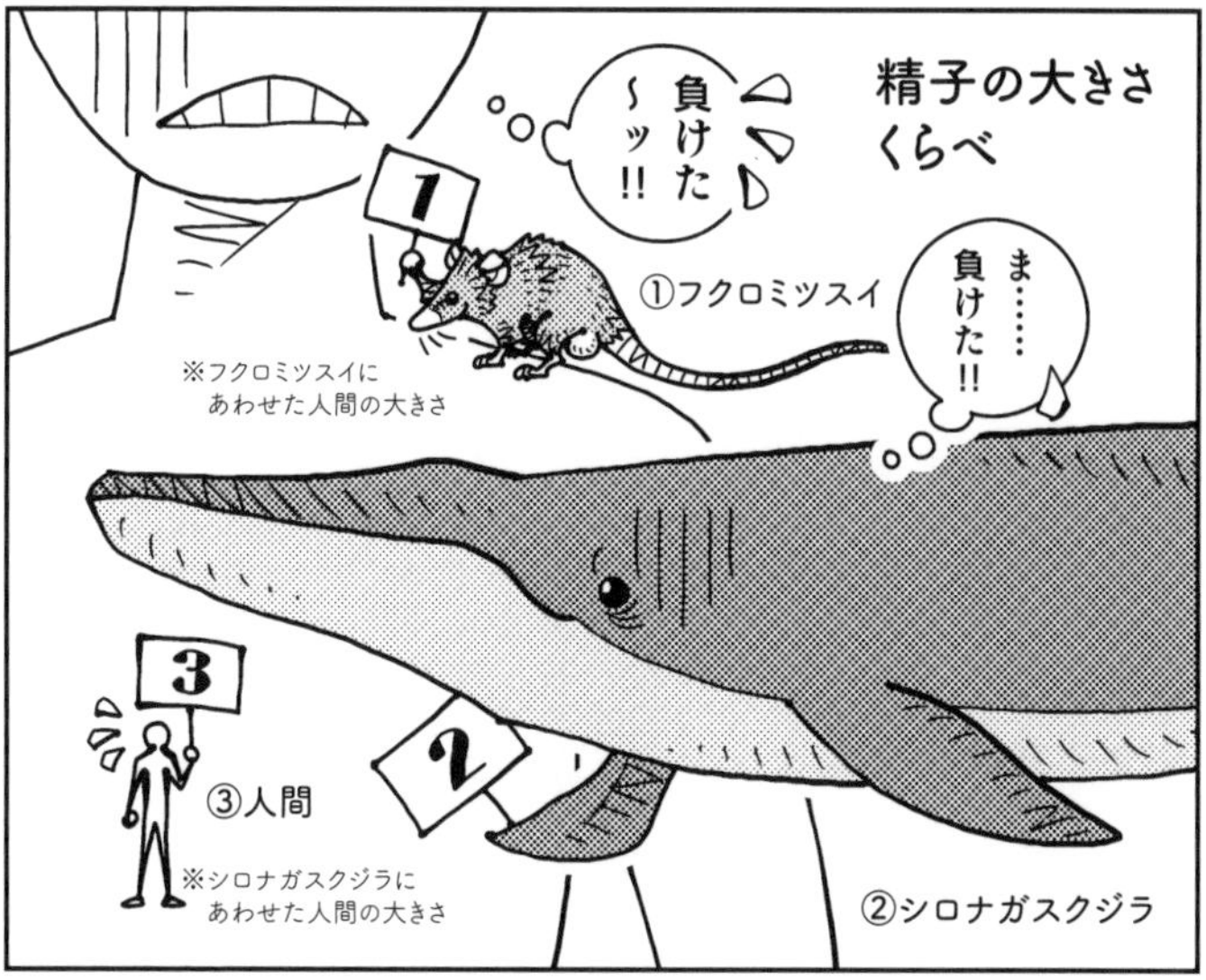

生んで育てるために、体力、資源が必要。対してオスは単純に精子を運ぶだけの道具だからです。

メス主体で子どもを生み育てる種では、オスは大きくある必要はありません。ただ、生活する上で縄張りが必要だったり、オスがメスと子どもを天敵や別のオスから保護することが必要だったりすると、オスは武装して、強く大きくなる方向に進化します。

ところで、武装をせずして激しいオス間競争を繰り広げる動物がいます。

オーストラリアの有袋類でフクロミツスイという動物がいます。全長は15センチから20センチぐらい。外観は口先が尖ったネズミみたいな動物です。食糧が花の蜜と果汁だけなので、オスもメスも食べることに忙しい。のべつまくなし食べていないといけないので、交尾するための競争をしている暇がありません。

だから乱交をします。メスは誰でもいいから交尾してくださいという状態です。オスも片っ端から交尾をしまくります。結果、誰の子かわからなくなってしまいますが、ここにもちゃんと競争があります。

なんと、メスの体内に入ってから、精子同士が受精までの早さを競います。そうなると運動能力が高い精子が勝ちます。個体ではなく精子レベルで競争が起こっているのです。

その結果、精子自体は運動能力を高めるためにどんどん大きくなって、それを蓄える睾丸も巨大化してしまったのです。体重比では哺乳類最大、狸の置物状態です。

だいたい体が大きな動物ほど精子も大きいですが、精子の競争により、ネズミほどの大きさのフクロミツスイの精子はシロナガスクジラより大きくなってしまいました。この精子の競争も、オス間競争であることには変わりありません。生物たちは見えないところで地味に競争していることもあるんです。

高等動物だと激しいオス間競争があちこちであります。それが昆虫ぐらいになると、多くの種は子育てせず生みっぱなしになるので、オスの体が小さく、メスの体が大きいことが多くなります。

そんな昆虫類の中でも異色の繁殖様式を示すのがタガメです。メスが生んだ卵をオスが守ります。普段は水の中にいるタガメは、水面に出ている草や枝に卵を生みます。水に近いと敵に食べられてしまうからです。その高い場所にある卵が乾かないようにオスはせっせと水を運び、守ります。そこに間女《まおんな》であるメスが来ることがあります。そのメスは、オスを蹴散らし、卵を壊そうとします。間女にとって、ほかのメスが生んだ卵は、将来自らの子どもを脅かす競争相手になりますから、その生育を邪魔しようとしているのです。

タガメのオスは、間女から卵を守ろうと、最初は抵抗します。ところが卵を壊されてしまうともう争うことを諦めます。しかも、間女のメスが破壊し尽くすと、オスは態度を一変させそのメスに求愛して交尾をしてしまうのです。オスとしては、失ってしまった卵のことを後悔するよりも、ここで出会ったメスとすぐに交尾して、自分の遺伝子を持つ卵を目の前にいるメスに産んでもらった方が、効率がいい。なんせ、自然界で次のメスにいつ生きて出会えるかわからないわけですから、くよくよ恨んでいる暇はありません。卵を失った瞬間、オスには遺伝子を残すための次のスイッチが入る。人でなしにも思えますが、遺伝子を残すという究極の目的のためには最善の策といえます。

ケダニの仲間にもっと変な交尾をする種がいます。ケダニ類は、真っ赤な絨毯のような毛を身にまとった派手なダニですが、普段は土壌中で小さな昆虫などを捕食しています。

このダニのオスはメスを見つけると、メスの肩を叩きながら、メスの周りでダンスをします。そのダンスと肩叩きがうまいとメスは立ち止まりオスの求愛を受け入れます。普通の動物だったら、ここで交尾が開始されるのですが、このダニのオスはメスが立ち止まってくれたところで、精子が入った精子嚢《せいしのう》をマッチ棒のように地面に突き立てます。

そしてそれを作り終わると、オスはメスに一瞥《いちべつ》もくれずにどこかにいってしまいます。するとメスはその棒に乗っかって、自分の生殖門から精子嚢を取り込み、「交尾」終了。

オスはメスの肩しか触らせてもらえていないんです。人間から見ればなんともオスのいじらしさが際立つ、切ない話であります……。

人間も大昔は乱交をしていたのか？

精子の話ばかりになってしまいますが、人間も霊長類の中では睾丸が大きい部類に入ります。フクロミツスイと同じ原理で、乱交をする動物は、精子競争があるので、睾丸が大きくなるといわれます。

チンパンジーは群れの中で乱交をするので、睾丸が大きめ。ゴリラは一夫多妻ですが、メスを独占するので、精子競争の必要がなく睾丸は小さめとなります。人間の睾丸の大きさはチンパンジーとゴリラの中間ぐらいです。結構、睾丸が大きいことから、人間の祖先もチンパンジーほどでないにしても特定の相手以外とも交配する「不倫」が普通だったのではないかと推測されます。

しかし、最近の研究では、人間は古い時代から一夫一妻制が夫婦関係の基本だったらしいという説も提唱されています。

ジャングルから飛び出し、樹上生活ではなく、二足歩行で平原を生きる道を選んだ人間は、その姿勢から大きな脳みそを首の上で支えることができるようになり、頭脳がどんどん発達した分、頭が重くなりすぎて、胎児が十分に成長するまで直立歩行するお母さんの胎内に留めておくことが難しくなってしまいました。そのため人間の赤ちゃんは「未熟児」の状態で生まれるようになります。ほとんどの野生動物は、生まれてすぐに自力で立って、歩行も開始し、親と一緒に行動できます。チンパンジーの赤ちゃんもしっかりとお母さんの背中やお腹にしがみつき、お母さんは自分で自分のエサを採ることができます。

しかし、人間の場合は、生まれた赤ちゃんは自力で動くこともお母さんの体にしがみつくこともできないため、お母さんは赤ちゃんの世話につきっきりになり、自らの食料を確保することも難しくなります。そうなると必然的に夫＝子どもの父親の力を借りなくてはなりません。また父親も、自分の奥さんと子どもを放置すれば、自分の遺伝子を受け継ぐ子どもが生き残る確率が間違いなくゼロに近づきますから、否が応でも子育て中の奥さんにせっせとエサを運ばなくてはなりません。

こうして人間の夫婦の間には子育てと狩猟・採集という分業体制が発達していきました。1匹のオスが何匹ものメスと子どもたちを養えるなら、人間もゴリラのような一夫多妻制になれたのですが、二足歩行で脆弱な体の人間のオスにとって、そこまで大量のエサ資源を一度に確保することは難しく、1匹のメスとその子どもを大事に養うのが精一杯だったと思われ、必然的に一夫一妻制が定着したと考えられます。

しかし、それでもオスはオス。人間のオスも本能的にできるだけたくさんのメスと交尾しようとする性質が潜在しています。隙あらば別のメスとも懇《ねんご》ろになりたい……。それがオス＝男の性《さが》です。でも、それではメス＝奥さんの方はたまったもんじゃありません。別の女性にエサを持って行かれたのでは自分と子どもの命に関わります。なにがなんでも夫＝子どもの父親にはしっかりと毎日エサを持ち帰ってきてもらわなくてはなりません。そのためには男をつなぎとめる「なにか」が必要だった、そしてそれが人間独特のセックスだったかもしれない……と私は妄想しています。

“セックス”は生物学で一番面白いテーマ

では、いよいよセックスの行為そのものの話に入ります。ただし、人間の性および性行為に関しては、専門家の間でもめちゃくちゃ議論され続けているホットな話題であり、本来、私のようなダニ学者が口を挟めるものではありません。これまでのオス・メスの進化の話も含めて諸説あり、ここで私が述べているのはあくまでも自分なりに解釈した「進化学的妄想」だとご理解の上、お読みください。さて、いろいろな説がありますが、霊長類の中でも人間だけが正常位をするといわれています。正常位は後背位に比べるとリスクが高い体勢です。後背位の場合、行為の最中に敵に襲われても、メスもオスもすぐにその場を逃げることができます。でも、正常位は逃げる体勢をとるまでに時間がかかってしまう。生態学的には適応的な姿勢とはいえない。こんな体位をあえて進化させたのも愛に溢れたセックスを人間が必要としたからではないかと私は想像しています。

動物的本能を超える男女間の「愛」という絆によって一夫一妻の夫婦関係を強固なものとする。その愛情関係の確認のための行為としてのセックスが進化した。正常位という姿勢でお互いの顔を見合わせながら、その感情を読み取り、快感を通して愛を確かめ合う。そして無毛化したことにより、肌と肌を重ね、その肌触りと体温でいっそう、愛情を感じるようになった。実際に人間の皮膚は極めて敏感で無数の性感帯を持っています（ただし、これは人によって差は大きいかも）。

ほかにも人間には際立った性的特徴があります。まずオス（男性）のペニスの大きさです。ほかの霊長類に比べて人間のオスは極めて大きな性器を持っています（もちろん個人差はありますが、平均値として……）。機能的にはあまり意味がないと思われるこのペニスの大きさは、女性を悦ばせるために進化したのかもしれません。また、チンパンジーやボノボなど類人猿のペニスには陰茎骨という棘《とげ》が備わっています。陰茎骨はほかの野生哺乳類でも見られます。この棘は、交尾の際にメスに痛みを与えてその性的欲求（発情）を抑制し、ほかのオスとの交尾に消極的にさせ、自分の精子の受精率を高めるというオスの戦略によって進化したと考えられています。

一方、人間のペニスには、この陰茎骨はありません。退化しているのです。この棘がなくなるという進化もまた、女性との愛のあるセックスを促進するためだったのかもしれません。

人間の女性のバスト＝乳房もまたほかの動物にはない特徴を持っています。野生の動物のほとんどが発情期を持ち、その期間に排卵が起こり、集中的に交尾が行われます。これは天敵などに襲われるリスクを分散するためと、繁殖率を高めるために性的欲求が高まる時期を個体間で同期して集団全体で一斉に交尾するように進化したためと考えられます。

そして、多くの動物のメスは自分が配偶可能で、受精・妊娠が可能であることをオスにアピールするためにこの発情期にだけ、乳房や性器を大きくして見せます。

ところが人間の女性のバストは常に大きく膨らんだままで、大きな変化は見せません。そもそも人間にはほかの動物のような季節的な発情期はありません。女性は月に1回というペースで排卵を迎え、年中、受精・妊娠が可能な状態にあります。さらに、この短いスパンで周期する繁殖可能時期の間も、特にバストや性器の大きさを変化させることもなく、人間の女性はむしろ自分がいつ妊娠可能かを男性には見えないようにしているともいえます。

女性のバストは、性的なアピールとしてその豊満さを進化させたという説があります。その理由は、人間の二足歩行、常に男女は体の正面で向き合うように進化したことから、この豊かなバストで、子どもを生み、育てるパフォーマンスの高さを誇示して男性の気を惹いたとされるのです。

一方で排卵日＝妊娠適期が見えなくなったことで、男性は自分の恋する相手＝パートナーといつ交尾をすればいいのかわからなくなります。結局、男性はいつでも受精可能とするため年中発情できるように進化しなくてはなりませんでした。

さらに相手の女性が一年中妊娠可能となれば、オスにとってはパートナーが自分以外の男と交尾すればいつでもその間男《まおとこ》の子を宿してしまうかもしれない、というリスクにもつながります。こうなると男性は気が気ではなくなり、年中パートナーを愛して、貢いで、監視=帰巣しなくてはならなくなります。

いわば男性側に嫉妬心が芽生えるのです。その結果、女性は常に決まった男性に守ってもらうことができるようになります。つまり男性の心を掴んで離さないようにするための戦略として、女性のバストと生理周期が進化したと考えられます。

このように男性・女性双方の性的特徴によって、一夫一妻の生殖システムをより強固なものにするために「愛のあるセックスが進化した」と考えられるのです。

ところで、現代社会においてストーカー事件を起こすのは男性の方が統計的に多いとされます。推測するに、人間の性の進化において、女性側の進化戦略に翻弄され先に執着心を持ったのは男性側の方だったのではないでしょうか。その執着心はやがて嫉妬心へと進化します。ストーカーという行為は嫉妬心の異常な進化の成れの果てなのかもしれません。

＊

人間の人生において恋愛、セックス、出産は大きなイベントです。ゆえに性は生物ゆえの性《さが》である以上に、人間にとって共通の話題であり、関心事であり悩みでもあるのです。そして、そんな悩み多き人間の生き様もほかの生物の性と重ね合わせてみることで、納得し、共感できる部分がたくさん発見できて驚きと感動につながります。

やはり、〝性〟は生物学で一番面白いテーマです。

前述のような人間の性は一夫一妻を基本として進化したとする学説もあくまでもひとつの説にすぎません。今も、人間の性の進化、そして人間そのものの進化には新たなる研究と議論が繰り広げられています。それだけ進化学の中でも人間の性はホットで現在進行系の話題なのです。

生物学の巨人・ダーウィンが唱えた進化論とは

生物の進化を語る上で外せない巨人・ダーウィン。彼に触れずして、これから先も話ができないので、ここでダーウィンの進化論についてまとめて話しておきましょう。

ダーウィンの進化論はまさに現在の生物学の礎になっている重要な理論ですが、進化論という響きに難解さを感じる人は少なくないはずです。実際に、生物学や生態学の専門書、あるいはネットの解説なんかを読んでもやたらと固く難しく語っているものが多くて、いっそう理解を遠ざけている節があります。だいたい学者や専門家という人種は、物事を難しく語ることは

できても、簡単にわかりやすく伝えることが苦手な人は多いし、なかにはわざと難しく伝えたがる人も少なくありませんから(笑)。

ダーウィンの進化論とは、ざっくりいえば、生物は「変化」を続けており、変化の結果、生き残ってたくさんの子どもを残す上で有利な形質を持つ個体が、不利な形質を持つ個体を押しのけて世の中のメジャーとなり、最終的に不利な形質を持つ個体が滅ぶ、という理論です。

つまり生物の世界は個体間で生存と繁殖（自分の遺伝子を残す）のための厳しい競争が繰り広げられており、ある環境下で「生存率」と「繁殖率」の高い方の個体が生き残り、その個体の形質が集団中に広がって固定する。こうしてそれぞれの生息環境に特化した形質を持つ生物集団が作り出される。これこそがさまざまな形を持つ種が生み出される「原動力」であるとする理論です。

だからダーウィンの進化論を記述した本のタイトルは「種の起源」とされています（原題：自然選択、あるいは生存闘争における有利な種の保存による、種の起源論）。

ダーウィン自身はこの理論を、自らの探検旅行での観察データから思いついたとされます。彼は1800年代にビーグル号という軍艦に乗ってイギリスから世界中の海洋を5年かけて旅して、その間、大陸や島の多種の生物を観察し、あるいは化石を発掘し、集めてきました。そんな調査の結果から、彼は、なぜこの地球にはさまざまな種が存在し、種ごとに決まった地域に住んでいるのか、そして、なぜ化石でしか見られない生物種たちは滅んでしまったのか、といった生物の時間的・空間的な多様性を作り出しているメカニズムに関心を抱き、その原理として「生物は常に変化を続ける」という理論を打ち出したのでした。難しく感じる進化論の理論自体は、実にシンプルで、当たり前のことをいっているだけなのです。

進化論以前は、「生物種は神が創られた」とするキリスト教の創造論が主流とされていましたから、ダーウィンのこの新理論は当時の生物学の概念を根底から揺るがすものであり、生物学のその後の進歩を支える革命的なものでした。

一方で、ダーウィンの進化論は誤った解釈をされやすい理論でもありました。

ダーウィンの進化論では、さまざまな形質を持つ個体間で生存競争が繰り広げられ、生息環境において相対的に有利な性質を持つ個体がより多く生き残り、より多くの子孫を残すことができるとされます。

つまり自然環境が適応力の強い生物だけをすくい取り、弱い生物を振り落とす篩《ふるい》の役割を果たしており、この自然環境による生物の選別を「自然選択」といいます。

この自然選択は常に動的であり、環境が変われば「篩」の形も変わり、すくわれる形質も変わってきます。生物の持つ形質の有利・不利はいってみれば時代とともに変遷し、逆転も起こりえます。つまり生物の形や性質には完成形というものはない、という点を見落としてしまう人が多いのです。

こうした見落としをしてしまう人は、自然界は弱肉強食・適者生存で成り立っており、弱い個体や、役に立たない形質は、すべて淘汰され、「洗練された」生物だけが生き残ると進化論を解釈してしまうことがあります。

そしてこうした解釈をする人たちにとって自然界や、あるいは人間社会において、一見無駄と思える形質を持つ個体や、ほかよりも弱そうな個体、あるいは「普通とは違う」と判断される人物は「不完全」、「不適格」、「できそこない」といった無用ともいえる存在に見えることも多々あるようです。

進化の本当の意味は、生物の「試行錯誤」の繰り返しであり、その試行＝形や性質の変化が「正解」か「誤り」かを決めるのはそのときそのときの自然環境にすぎず、当然人間が決めることではありません。そして生物は、たとえ今自分が持っている形質が「正解」だったとしても「いつまた環境が変化するかもしれない」という不確実性に備えて、常に「新しい変化」＝「遺伝子の変異」を生み出し続けます。

そして、生物の世界では、人間から見て「無駄じゃね？」と思える形質が意外と生き残っていることがあり、そうした「一見無駄と思われる形質」にも実は存在意義がちゃんとあったりするのです。

働きアリの怠け者にも生きる意味がある

この事例を実証されたのが日本で私が注目している昆虫学者のひとり、北海道大学の長谷川英祐先生です。生態学の分野では無双のベストセラー『働かないアリに意義がある』（メディアファクトリー新書）の著者です。この著書のタイトルの通り、長谷川先生はアリの巣の中で働きもせずにゴロゴロしているだけの働きアリの存在意義を明らかにされました。

アリという昆虫は、その遺伝的構造が特殊で、基本はすべての個体がメスでオスは交尾の時期にだけ生産されます。そして女王とその娘たちである働きアリから成る「家族単位」で生活しています。働きアリは自分たちの巣を守るためだけに、エサの採集、女王が生む子どもたちの育児、そして敵の襲来に対する防御などを行います。自分に与えられた使命を、生涯をかけて果たすように遺伝子によってプログラミングされているのです。

働きアリにとってはそうした生き方こそが自分の遺伝子を共有する姉妹たちの生存率を上げることになり、ひいては働きアリの持つ遺伝子が次の世代に残る確率を最大化することにつながるようにできているのです。こうしたアリの徹底した社会システムを「真社会性」といいます。

ダーウィンの「自然選択説」に基づけば、真社会性昆虫の巣では、全員が否が応でも働き者になるはずです。もし、少しでも「怠け者」が出てくれれば、ほかの巣とエサや住処をめぐる競争で負けてしまいます。だから「怠け者」の存在する余地なんて「理論上は」寸分もないことになります。

しかし、事実は理論より奇なり。実際にアリの巣を観察していると、ほかの働きアリがせっせと働いているのを尻目に、1日中、なにもしないで巣穴でゴロゴロして過ごす「怠け者」が存在することがわかったのです。怠け者といえどエサは必要ですから、彼らもちゃんとエサだけは食べます。まさに無駄飯食いです。こんな働きアリが巣に居候されたのでは、全個体が働き者という巣が別に存在したら、その巣に競争で負けてしまい、子孫を残すことが難しくなります。なので「怠け者」を作り出す遺伝子は自然界からは淘汰されて消滅してしまうはずです。

ところが怠け者にもちゃんと存在意義があったのです。この怠け者がいる巣から、働き者のアリを除去してみると、今まで怠けていたアリたちが働き者に変化して、せっせと働き出すことがわかったのです。どうやらこの「怠け者」たちは、労働量が不足する事態が発生したときに巣全体の労働量を補填するための予備軍らしいということがわかりました。もし、予備軍がなく、巣全体で１００％の労働パフォーマンスを発揮し続けていたら、不測の事態が生じたときにパンクしてしまうことになるでしょう。アリの巣は最初からこの不測の事態を織り込み済みで、常に怠け者が生じるように遺伝的にプログラミングされているのです。

怠け者を「予備軍」と読み替えるだけで、みなさんの中でも、その存在に対する印象がガラリと変わると思います。結局「怠け者」というレッテルは人間の先入観がもたらしたものにすぎず、実際には彼らは働かずにじっと力を蓄えて待機する、という「仕事」をしているのです。

このほかにも自然界では一見、無駄と思える形質が観察されます。

例えば、自分の専門のダニの世界にも変なのがいます。アリノスササラダニというダニは、カドフシアリというアリの巣の中に居候していて、移動するのも、脱皮をするのも、エサを食べるのも、産卵するのも、すべてアリ任せで、まるで介護老人のような生活をしています。アリの方はとにかくせっせとダニの世話をして、巣を引っ越すときも大事にダニを抱えて持っていきます。

これもダーウィン流自然選択説から見たら、ありえない生き方になります。このダニは明らかにアリにとっては遺伝的なつながりが皆無の別種であり、そんなものの世話をする暇があるなら、自分たちの巣の幼虫の世話に集中すべきです。

ところがこのアリの巣を観察していると、アリたちはエサ不足になると、このダニを食べてしまうことがわかったのです。つまりこの居候のダニは、いざというときのための「非常食」だったわけです。

一方のダニの方はなぜ食べられるかもしれないリスクを無視してアリの世話になる生き方をしているのか？　おそらく、ダニがアリの巣の外で単独で生きていくとなれば、天敵に襲われる可能性が高いからです。そうであれば、たまに食べられるかもしれないとしてもアリの巣の中で世話してもらう生活の方が、自分の子孫を残せる確率が「相対的に」高いと考えられます。こうしてアリとダニ双方がいつ訪れるかわからない食糧不足という不確実性によって共生関係を進化させてきたと考えられるのです。

＊

「働かないアリにも意味がある」ことを発見された長谷川先生は、以下のようにも指摘しています。

「生物の進化の背景には、短期的・瞬間的な適応力の最大化という自然選択だけでなく、持続性という長期的な適応力も重要な要素として存在する」。

自然選択説を単純な「不要物排除論」として捉えるのは人間の主観にすぎず、自然界で繰り広げられる進化のメカニズムとプロセスは、人間の想像をはるかに超える複雑さと奇想天外さに満ちているのです。

生物は変化を続けます。それは遺伝子が変異をし続けるからです。適応力が極端に弱い変異はすぐに淘汰されて自然界から消滅することでしょう。適応力は弱いけど、自然界の中で微妙なバランスでマイノリティとして残る変異もあります。あるいは箸にも棒にもかからないどうでもいい変異が自然界でぶらぶらとほっつき歩くこともあります。自然界にはさまざまな遺伝子の変異が蓄積され、いろいろな遺伝子からいろいろな種が生み出され、とてつもなく多くの種が豊かな生態系を作り、この地球には生物が織りなす多様な世界が展開されるようになりました。これがみなさんもたまに耳にする「生物多様性」の正体です。

遺伝子、種、そして生態系というそれぞれのレベルでの多様性は過去から現在までの進化の賜物《たまもの》であるとともに、生物たちの未来に対する「備え」＝「希望」でもあるのです。

第2章

生物学からみる人間社会

男性の草食化は生物学的な「ひずみ」なの？

ここからは人間社会が抱える問題について、私なりに生物の進化という観点から考えてみたいと思います。テーマは現代日本が抱える草食化と少子化、そして同性愛、いじめやヒューマニティーについてです。

＊

2000年代後半あたりから使われている言葉に男性の「草食化」というのがありますね。今では草食どころか「草」とまでいわれていますが……。

そういえば、昨年の夏休みに小学生向けの講演会があって、その中で虫の絵の描き方のレクチャーをやりました。希望者を10人募ったのですが、集まった10人中9人は女の子。自分が子どものころとは真逆な「虫好きの性比」にちょっと驚きました。これも「草食化」のひとつの象徴なのかな、と。

本題に戻りましょう。草食化、すなわち男性の中性化の背景に、人間社会が成熟し、男女間の能力に差がなくなってきたことがあります。今まで説明してきた通り、「性」とは子孫の遺伝子の多様性を保つために進化してきました。生物が進化するにつれ、子孫の効率的な生産・育成のために、子孫となる細胞＝卵細胞を生み育てるメスと、その卵細胞へ新しい遺伝子を運ぶための精子を備えたオス、という性の分化が起こりました。さらに生物の進化が進むと、メスとオスの分業も進み、体格や性格といった性的特徴の差はどんどん大きくなりました。人間という動物の進化においても、女性と男性の役割分担が進み、女らしさ、男らしさという特徴がそれぞれに備わるようになりました。

原始社会の男性は獲物を獲ってくることが必須でした。そうしないと妻も子どもも餓死してしまいます。獲物を獲るためには、強い肉体と勇気が求められます。またよりたくさん獲物が得られる場所への探検も必要であり、好奇心が旺盛でなくてはなりません。

こうした男らしい性質や気質は狩猟の能力を高めるために、進化してきたのです。その資質に優れたオスこそ、女性にとって自分とわが子を確実に守り、食料資源を供給してくれる男の中の男として高く評価され、「強い男ほどモテる」という性的指向が成立していました。

しかしながら、文明が高度化し、人間社会が成熟するにつれ、エサや住処＝生活資源を女性がひとりで獲得できるようになってくれば、必然的に男性に求められる価値観は変容します。つまり「強いだけの男は不要」となるのです。

現代のように、男女を問わず、能力を発揮して仕事ができて、生計を立てることが可能な時代では、女性ひとりでも生きていくことはできますからね。女性によっては結婚そのものの価値観も変容し、自分で自分の人生を謳歌する道を選ぶなどすると、男の存在価値はどんどん低下します。

少子化は、男の「性」としての魅力の劣化とともに、女性自身が子どもを持とうとする欲求より、自分の人生を楽しみたいという欲求が上回った結果とも捉えられます。キャリアを作っている女性が妊娠によって、はしごを外されてしまう。そんな社会的な不完全さも表面化してきました。

社会の変化に対して、生物学的なひずみが生じているともいえるでしょう。

実は草食化はモテるための手段!?

生物という観点では、現代社会の中で男性が活躍する場はあまりないんです。まず、狩猟の必要がありません。かつては農林水産業で力仕事がありました。しかし、デスクワークがメインの社会では、女性の方が能力・パフォーマンスが高いこともあります。女性が上司というのもまったく珍しくない。こんな社会で、男性がモテるためには、どうすればいいか？　もちろんルックスは絶対的な価値としてあります。しかし、見た目は憧れであって、男性アイドルの追っかけをしている女性でもいざ結婚となれば、話が違います。

現代で男性がモテるためには「料理ができる」「優しい」「退屈させない」など日常的に女性を満足させる要素が求められるケースが増えました。「高くておいしい資源を与える」のではなくて、女性自身が満足できる人生を送れて、そこにパートナーとして一緒にいて楽しくて、ずっと優しい人、ひらたくいえば「便利な人」ですね。こうして女性から男性に対する価値観が変われば、必然的に男性の人間社会における機能とビヘイビア（振る舞い）はシフトしていくことになります。

男性の軟弱化・草食化というのは、生物学から見ると社会環境の変化に対する生理的適応あるいは順応といってもいいでしょう。男らしさで我を張るより、女性の気持ちや想いによりそえる男性の方がモテるという風潮は、生物学的にも正しいのかもしれません。

すでに大人社会のみならず、子ども社会にまで男性の草食化が浸透し、おとなしい男の子ができあがってきていると感じます。そこには、家庭環境の影響があるのかもしれません。みなさんのお家でも、子どもが家に帰ったとき、お父さんはしいたげられていませんか（笑）。今の時代にちゃぶ台をひっくり返すようなカミナリオヤジは絶滅危惧種といっていいでしょう……。そんな環境で親を見て育てば女の子が強くなってくるのは必然なのかもしれません。

少子化の果てに待ち受けるもの

日本では少子化が進行していますが、それまでは急速に人口を増やしてきました。世界全体でも人口は増え続けています。現在の地球上の人口は約77億人とされています。1900年には約16億人と推定されていたわけですからその増加の爆発ぶりがよくわかります。この増加を加速した人間社会の転換は化石燃料の発掘です。人間は化石燃料を手に入れたことにより、農業や工業の生産性が向上し、たくさんの人口を支えられるようになりました。

次に化石燃料に依存した社会が進化してくると、人間は、便利で食うに困らない生活を手に入れ、なおかつ人生の楽しみを見出すようになりました。衣食住にかける労働時間が短縮され、悦楽の時間を持つようになった。よって、今度は時間が資源になってくる。今の日本はこのステージです。

結婚を選択せず、ひとりが楽しい人もいる。もちろん子どもが好きな人はたくさん生むという選択肢もある。食事にお金をかける人や趣味だけに走る人もいる。人間ひとりひとりが、好みに合ったライフスタイルを選べるようになったわけです。

将来、日本などの先進国はもとより、世界中の国々が成熟してくるであろうと予想されます。

日本と同じように世界人口はプラトー（停滞状態）になり、最終的には減少してくるでしょう。100億を突破したとして、その後も延々と増えるわけではなく、いずれ増加の速度が減少するという予見はできます。

ただ、世界中のすべての国が経済的に安定した状態に至るまでにはまだまだ時間を要すると思われます。世界規模の経済成長に伴う環境破壊・公害の問題はますます深刻になるでしょう。さらに世界中の社会が発展し安定した暁にはひとり当たりの資源消費量が爆発的に増加し、資源の枯渇が大きな問題となるでしょう。そんな時代に、日本は少子化によって人口が減りながらも、海外からの資源の輸入だけに頼り続けていたとしたら、国内生産力で資源不足を補うこともできず、国の存続は危機的なものになっているかもしれません。

社会の成熟と夫婦関係の変化

だいたいの哺乳動物は1年に1回から数回程度、もしくは数年に1回程度のサイクルで繁殖期がきます。人間は1カ月に1回排卵期が周期するようになっています。ほかの哺乳動物と比較してかなり繁殖サイクルが速いのです。

この短い排卵期は、以下のように前章でも説明しました。「人間は子育てのために『一夫一妻』の夫婦制度が必要。また、その夫婦という関係性を維持するためにも人間のオス・メス間には特別な絆を進化させた。この異常に短い排卵周期は夫婦間の『愛』という絆の強化と同時に、絆が揺らいだときにいつでも鞍替えが可能のためである」といったことです。

1ヵ月に1度の排卵ということは、子どもを生もうと思えばいつでも生めるということを意味します。だからといって、女性はところ構わず、相手構わずに交尾するわけではなく、できるだけいい資源を獲ってくる男性を吟味して生殖のパートナーとして選びます。

一方、男性から見れば、パートナーの女性がいつでも子どもを作れるということはいつでもよその男の子を生みかねないことを意味します。すなわち妻を寝取られる可能性があるので、女性をがっちりと守ろうとする行動が進化することになるでしょう。

このように女性の異常に短い排卵周期は、男を焦らせ、自分に対する執着心を植え付ける上で重要な武器となります。こうして人間の世界では、本来、浮気者が動物的な本能であるはずのオス＝男性が一夫一妻に踏みとどまるよう進化したと考えられます。

女性にとって、短い排卵周期は、オスを縛るだけでなく、女性の「浮気・移り気」を可能にしたともいえます。女性としては、もしオスが狩りに失敗して死んでしまったり、あるいはなにかの間違いでオスが資源を持ってこなかったりしたら、自分の遺伝子を残すために、新しいオスに乗り換えて、新しい家族を作らなければなりません。そんなときにたとえ人妻になったとしてもすぐにまた「繁殖」する能力が備わっていることは、ほかの男性に対して女性としての魅力を保持し、いつでも新しい男に乗り換えることを可能にしてくれます。

そんな駆け引きをしているうちに、人間の性的な形質は進化したと考えられます。

人間の祖先にあたるチンパンジーなど霊長類の社会では一夫多妻制か乱交が基本です。生まれたばかりの子どもでもしっかりしているので、子育てはメスだけでできるのです。オスは縄張りを守ればいいだけです。人間の一夫一妻は、ほかの霊長類と異なり脆弱な動物として、確実に子孫を残すために進化したシステムだったわけです。ただし、人間社会が発展し安定してくると、一夫一妻である必要はなくなってきます。つまり、天敵である野生動物からの襲撃のおそれがなくなり、生活に余裕が出てくれば、人間社会においても一夫多妻制が成立することになります。

実際に中東やアフリカでは、資源を多く持つ王族や部族長がハレムを作ってきました。日本でも江戸時代までは側室の制度がありました。人間社会の一夫多妻制の場合も野生動物のケースと同じく、たくさんの妻とその子どもたちを養えるだけの資源＝経済力を持つ男性だけが、ハレムを作る資格を持ちます。

一夫一妻制は幻想？

人間の最初の配偶システムは「一夫一妻制」を基本として進化したと述べてきました。しかし、前述の通り、野生生物世界の自然選択から離脱した人間の文明社会においては、一夫多妻制が成立します。

進化してきた人間の男性の遺伝子にも「より多くのメスと交尾して、より多くの子孫を残したい」というオスの本能は消えずに残っているようです。本能としては人間のオスもやっぱり浮気や不倫をしたがる生物なんだという結論になります……。

日本という国では、婚姻制度として一夫一妻が法的に定められており、浮気・不倫は民事的にも、またモラルとしても「許されざる行為」とされます。しかし、本能がハレム指向だとすれば、人間の男性は少なからず、一夫一妻で「我慢している」というのが生物学的には奥底の本音なのかもしれません。その本能を抑制しているのが倫理観という前頭葉に依存した人間社会のルールなのでしょう。人間社会における一夫一妻制は「男の我慢」により維持されているところが大いにあると考えられます。

類人猿から進化した人間の最初の配偶システムは一夫一妻だったと思われますが、その後、人間の祖先がアフリカから世界各地へと散らばり、文明を作り出すまでに10万年近くの年月が流れたとされます。これだけの時間を経れば、人間の遺伝子の中に潜んでいた、野生のオスとしての本能が再び発現するようになっても不思議ではありません。

この10万年の人間の進化の歴史において、最初のうちは狩猟や部族間の闘争など、男性にとって生き残るには過酷な時代でした。その後、集団が動物的な「群れ」から「社会的組織」へと進化し、集団には強いリーダーが求められるようになります。生活が人間らしくなるにつれ、猿社会に見られる「ボス」のようなものが人間社会にも登場したと考えられます。

女性もまた「強いオスの遺伝子が欲しい」という本能にのっとり、ボスに憧れ、ボスに性的アピールを繰り返したことでしょう。モテモテのボスはこうしてハレムを手に入れることができた。いってみれば、人間は、人間らしい社会を発達させたことによって、社会性動物本来の一夫多妻制に先祖返りしたことになります。

野生動物の中でも一夫一妻制を貫いている種群がいます。それが鳥類です。一部の例外をのぞいて、子育て中に浮気をする鳥類はほとんどいません。

なぜなら鳥の子育てはとても忙しいので、よその子にエサを与えたり、浮気をしたりする暇はないのです。鳥類の場合は、子孫の生存率を考えると一夫一妻制が一番効率が良いという結論に達したのでしょう。

「女性が不倫男を嫌う」のは生物学的に正しい

最近は毎日のように芸能人・政治家など著名人の不倫報道がテレビや雑誌を賑わせています。私個人としては、芸能人の不倫報道を見るたびに「あー彼らも遺伝子の支配からは逃れられなかったんだなぁ」と思います。

本質的に不倫に対して、特に女性が反感・嫌悪感を示す傾向が強いのは遺伝的なプログラムかもしれません。女性にとって、パートナーである男性が浮気をするということは、自分や自分の子どもに対する愛情や投資が減るリスクを意味します。であるならば、浮気・不倫をしたがる男や、それを受け入れるような女性を嫌うという形質は適応的といえます。

しかし、男の方のオスとしての生物的本能は、とにかく精子をばら撒けるだけばら撒くことにあります。だから、隙さえあれば浮気・不倫をしたがる男はいつの世も絶えないのでしょう。

＊

結局、人間は古い野生動物の祖先から受け継いだ乱交・浮気・不倫の遺伝子と、人間ホモ・サピエンスとして進化する過程で選択された「一夫一妻制」という形質の両方を抱えて生きていることになります。

人間という脆弱な種が生き残っていく上で必要な形質として一夫一妻制が進化したとすると、その「脆弱性」という足かせから解放されれば、抑制されていた野生の本能（浮気・不倫）が表に出てくるのも、また生物学的には無理からぬことといえます。

別に浮気・不倫は男だけの専売特許ではありません。今の時代だと子育てが一段落すると、女性にも動物的本能が働くこともあるでしょう。子離れの段階にもよると思います。子どもがかわいくて仕方がないうちは、女性にとって、良い男性遺伝子を求めるプログラムは働きづらい。しかし、子どもが手を離れてしまえば、次の投資に欲求が向きます。先ほど、鳥類の多くは子育て中はゆとりがないので、オスもメスも浮気せずに一夫一妻の共同作業で子育てする、と解説しましたが、実は一部には子育て中でも婚外交尾するメスがいることが知られています。オスの働き具合を眺めながら、質が悪そうと見切りをつけたら、もっとましなオスに乗り換えるのです。一見美しく語られる鳥のつがいも、生物学的にみれば、「浮気」は避けられません。

子どもを生む前の独身女性が妻子持ちと不倫をするケースも少なくありません。これも、既婚者というだけで、その男性は「かなり有能で、財産を持っていることを保証している」とも判断できるので、それだけの甲斐性のある男の遺伝子を欲しいと思う女性の本能が原因かもしれません。

最近40代、50代の芸能人の浮気が騒がれていますが、財産さえあれば人間は死ぬまで動物的本能の呪縛からは逃れられず、本能に走ってしまうのかと……。つくづく遺伝子のすごさを感じます。それでも、そうした遺伝子の呪縛、あるいは本能に踊らされる人よりも、自分のパートナーと家族を一生、愛して大事にする人の方が圧倒的に多数です。ここまで、人間を一動物として、その行動原理を解くことを書いてきましたが、やはり、人間の人間たるゆえんは、知性と理性を持ち合わせていることであり、その性質によってほかの動物以上に長きにわたって自分の家族をなによりも優先して大切にすることで、人間は安定した平和なコミュニティを築いてきたのではないでしょうか？　ということで、少し、人間の愛の形について考えてみましょう。

生物学から考える同性愛

人間社会にはなぜ同性愛という「愛」が存在するのか。これは多くの人が疑問に感じる話題ではないでしょうか。

人間以外の生物でも同性愛傾向を持つ突然変異が発現する個体が出ていると思われます。しかし、それは繁殖できずに、その都度滅ぶことになります。

昆虫で有名な例が、ショウジョウバエの突然変異体です。交配実験用に飼育されていたショウジョウバエの中から、オスがメスにまったく興味を示さないショウジョウバエの系統が突然出現したんです。

研究者たちは「お坊さんみたいに悟りを開いている」ようだとしてその系統に「サトリ」と名前を付けました。しかし、よく観察してみると、メスに交尾をしかけるのではなく、オスを追いかけていることがわかりました。つまり悟って性欲を失ったのではなく同性愛のショウジョウバエだったのです。そのDNAを調べると、たったひとつの遺伝子が働かなくなることで、同性愛の形質になっていることが明らかになりました。

このように人間以外の生物にも同性愛の遺伝子を持つ個体は存在します。でも、野生生物では、子孫を残せないので同性愛の遺伝子は淘汰され消えてしまいます。

前記のショウジョウバエのケースはあくまでも室内飼育という環境下で、突然変異を誘発することで「サトリ遺伝子」を系統として固定することができたのです。

＊

オスがオスを好きになる、メスがメスを好きになるというのは、動物界、自然環境の中では、生殖能力がないので、生物学的には適応力がゼロの遺伝子になります。自らの遺伝子のコピーを少しでも次世代に多く残すという生物本来の生存目的にまったく合致しません。したがって、自然界においては速やかに淘汰され、集団中にその遺伝子が高い頻度で存在し続けることはなく、そうした形質は滅多に現れることはありません。

一方、人間社会では、ＬＧＢＴといわれる性的マイノリティの存在が近年議論されています。ＬＧＢＴとはLesbian（レズビアン＝女性同性愛者）、Gay（ゲイ＝男性同性愛者）、Bisexual（バイセクシュアル＝両性愛者）、およびTransgender（トランスジェンダー＝性別越境者）の頭文字をとって作られた言葉で、生物学的な男性・女性という枠組みとは異なる性的指向を持つ人や、身体的な性に対して異なる心の性を持つ人を指します。

最近の調査では、ＬＧＢＴに該当する人は、全体の８％近く存在するという報告もあり、少数派というより、かなりの割合で存在しているのではないかという意見もあります。生物学・生態学的に見ればこうした形質は「繁殖」という観点から適応的ではないと考えられますが、なぜ、一定の割合でこうした形質を持つ人たちが人間の中に存在しているのか、医学的にも遺伝学的にも興味深いと同時に、人間社会を考える上で重要な意味を持つ課題として、今も研究や調査が続いています。

最近の研究データによれば、人間の同性愛という形質には、遺伝子の発現に対して体の外から影響する因子が深く関与しているのではないかと考えられています。

母親の胎内で胎児が成長する際に、胎内で生産されるエピマークといわれる物質によって、女の子は心身ともに女性らしく、男の子は心身ともに男性らしく成長するように遺伝子の発現がコントロールされています。エピマークはあくまでもお母さんの胎内にいる間にだけ胎児が浴びる物質で、生まれた後には子どもの体内には残りません。しかし、稀にこのエピマークが親から子どもに受け継がれて、その子が成長・結婚して、自分とは逆の性の子ができたときに、親から譲り受けたエピマークが胎内の子に影響し、肉体の性と心の性が不一致になってしまう……つまり遺伝子とは別の「遺伝情報操作物質」の存在が同性愛を生み出す原因になっているのではないかとする説が提唱されています。

このように外的要因（エピマーク）によって遺伝子発現が影響を受ける現象をエピジェネティクスといいます。エピジェネティクスは外から受けるストレスなどでその働きが強くなったり弱くなったりするともされており、人間社会という、野生生物とは異なる独特の社会環境が同性愛のエピジェネティクスを生み出しているのかもしれません。

このまま人間という動物が進化を続ければ、やがて同性愛のエピジェネティクスというメカニズム自体も淘汰を受けて消滅するのかもしれません。しかし、一方で人間だからこそ、同性愛という、生物学的には特異な存在が維持されているともいえるのです。

人間は、頭脳の発達により文明を築き、文化を発展させてきました。単に、食って、寝て、子孫を増やすだけの野生生物の世界とは一線を画しています。衣食住を充実させ、芸術や科学的知識など、人間の感性にインスピレーションを与えるものを生み出し、生きる悦びや楽しみに満ちた社会を私たちは手に入れてきました。

こうした文化的に豊かな社会を作るためには、さまざまな発想や技術が欠かせず、人間という種における多様性が重要となります。

他人とは異なる形質を持ち、他人とは異なる個性を発揮する。そうした人の多様性が常に社会に新しいアイデアや技術や芸術をもたらしてきたのです。その多様性のひとつに「同性愛」も数えられるのではないかと思われます。

特に最近、芸能界でもニューハーフやおねぇキャラのタレントの活躍が目覚ましいですが、それも彼らの感性が他者と違っていて、多くの人にとってそうした感性から生み出される芸や発言が新鮮で、面白いからです。人間社会における人間という生物の「生産性」とは、子どもを生産するという単なる生物学的な意味にとどまりません。文化や社会の豊かさを生み出すことも、人間社会の発展には欠かせない「生産性」となります。むしろ、人間が安心して子育てできる社会とは、そうした文化的な豊かさに満ちた楽しい社会なのではないでしょうか。個性や多様性、お互いの異質性を受け入れる寛容性こそが人間社会の発展には欠かせないと考えられます。

人間と動物の大きな違いは「利他的ヒロイズム」の有無である

しかし、同性愛が個性であるといっても、実際の人間社会では今でも「異端」として、多くの人は偏見の目を向けており、同性愛者の多くは、決して手放しで明るく生きられる状況にはないのが実情でしょう。

これはいわば異質性に対する排除の行為であり、「いじめ」といわれる行為に当たります。この「いじめ」や「偏見」という行為は、極めて動物的なものといっていいでしょう。

＊

生物学の観点から議論したいもうひとつの問題が「いじめの問題」です。人と違うから、「暗い、キモい」といって排除してしまう。その行為というのは、あえて強めの言葉で表すならば「ケダモノにも劣る」ものといえます。

動物の群れでは天敵に襲われたり、競合者にエサを横取りされたりするのを避けるためにも集団中に少しでも変わった行動をするものや、他個体より行動が鈍いものなど、いわゆる「足手まとい」を排除する行為が見られることがあります。

例えば、レイヨウの群れでは体の弱い個体を追い出し、ライオンのエサにする行動が見られます。野生動物は同種の個体同士でも生存をかけて激しい競争を繰り広げており、こうした弱者の排除は遺伝的にプログラムされた行動といえます。しかし、現代の人間社会におけるいじめは、「弱者排除」を楽しんでいる、という点で、動物界で見られる生存をかけた行為とは別次元のものといわなくてはなりません。そして、このいじめ行為が黙認され、社会に広がるとすればそれは人間のヒューマニティー崩壊の危機と捉えるべき問題だといえます。

ホモ・サピエンスという種としてわれわれ人間が地球上に現れたばかりのころ、人間たちは病気や敵の出現でいつ死ぬかわからず、毎日、怯えながら生きている状態だったに違いありません。そのころは、人間同士の「よりそい」もより強かったであろうと想像されます。

しかし、およそ紀元前3000年～1500年前にお金という概念ができて、人間の価値観は変わりました。ひとりひとりの人間が個として生きていく時代になったのです。

個になりたいのか、よりそいたいのかは、結局、環境が決めてしまいます。現代のように環境が満たされていると「個」の生き方が優先されてしまうと考えられます。しかし、ホモ・サピエンスが誕生して20万年～25万年のうち、貨幣社会はわずか5000年ほどの歴史しかありません。人間の脳はどちらにも対応できるようになっています。

＊

それでも「助け合いの精神」があり、実行できるというのが人間の最大の特徴です。これはまさにヒューマニティーといってもいいでしょう。動物には血縁のない他者への利他的行動（自己が不利益をかぶることで、ほかの個体に利益を与える行動）というのがまったくありません。

哺乳動物の群れはだいたいが血族です。ボスがいて、ボスの嫁と子どもたちで成立しています。ほかのオスが混じっても、ボスの配下になります。

もし、野生動物のいる場所で、洪水が起きても、動物たちは一目散に自分だけ逃げます。その中で、ゾウは人間に近いコミュニティを持っています。川を渡るときによその子どもが流されそうなら、助けてあげます。それは、専門用語で「互恵的利他主義」と呼ばれる行動形式です。

これは、草食動物でたまに見られます。そうやって恩を売っておくと、今度は自分の子どもが助けてもらえる。彼らには「子どもを見たら助ける」という遺伝子が備わっているんです。

ただし、人間以外の生物のこの行動は、「子どもを守ること」に特化しています。ケガをした仲間のゾウをかばうようなことはしません。そこまでのヒューマニティーはありません。あくまでも自分の子どもを守ることから派生した行動です。

もちろんヒューマニティーの究極目的は子どもを生き残らせることですが、人間でも助け合いをしていると「あいつはいい奴だから、あいつが死んでも、あいつの家族を守ろう」とコミュニティとしての利他的行動が成り立ちます。

ヒロイズム、つまりカッコつけてする行動というのは、のちのち自分の家族が得をするためにヒトの間で進化したところがあります。自分の遺伝子＝子孫を生き残らせるという究極命題は、動物も人間も一緒ですが、人間の場合、この利他的行動の重要性が際立ちます。

社会の中で生きるには、利他的行動ができる人間じゃないと生き残れなかったと考えられます。「あいつは自分のエサのことしか考えてなくてダメだ。自分の家族にとっても必要ないから仲間外れにしよう」とコミュニティの中で合意がなされて、村八分にされてきました。

村八分と現代のいじめは、社会全体にとって適応的であるかどうか、有害であるかどうか、という点で本質的に異なります。

現代のいじめというのは、集団にとっての有害性とは無関係に特定の人物を見た目やキモいという感覚・感情だけで仲間外れにします。本人が努力したり、勉強していても、いじめられる。これでは、単なるエゴイスティックな鬱憤晴らしです。野生の社会ではむしろエゴイスティックな振る舞いをするような個体は仲間外れにされるのが普通です。

例えばアメリカ大陸の熱帯地方に生息するチスイコウモリは、動物の血をエサとして、洞穴で群れを作って生活しています。子どもを持つ母親は毎日、栄養源として吸血する必要がありますが、たまに狩りに失敗して血を吸い損なう日があります。すると、巣に戻った群れの仲間たちが血を吸えなかった個体に、自分たちが吸ってきた血を分け与えるという助け合いをします。そして、仲間に血液を分け与える頻度が高い個体ほど、たまに血を吸い損なったとき、より多くの仲間から血液をもらえるという手厚い恩返しを受け、逆に、日頃から血液を分けることを渋っている個体は、いざ自分がエサ不足になったときに、ほかの個体からの援助を断られてしまう、ということが報告されています。仲間を大事にしない個体が、仲間外れに遭う、これが野生動物の村八分です。

いじめのようなエゴが生じるのは、今の社会が食うに困らないからなんじゃないでしょうか。原始の人間社会では、予言をする盲目の老人、見てくれは悪いが鼻の利く人物など、社会にとってそれぞれが役割を果たしていて、お互いに重宝する関係性を大切にしていたと想像されます。

日常的な助け合いを必要としなくなった現代社会において、特に都市部を中心に人と人とのつながりが希薄になる中、鬱憤晴らしで他者をいじめるという行為がむしろ社会の中で黙認されやすくなってしまっている。文明や文化が進んだ世の中の方が、人間としての成熟度が低下してしまうというのは、皮肉な話です。

＊

いじめ問題は人類がヒューマニティーを失い、エゴイズムを噴出させた結果です。もし、なんらかの拍子に、エゴイズムの増殖が止まらなくなり、核戦争などで文明が崩壊し、本当に人間が自然界に裸で放り出されることになったら……。ケダモノに負けるのが人間です。人間らしさを失ったときとは、人間が崩壊、滅亡するときです。人間が強いと思うこと自体がエゴなんですから。

現代の人間が強いのはあくまでも文明、文化という武器を持っているからです。おいしい水と食料があるからです。全部はぎとられ、ケダモノにかえったら、われわれは一番に滅ぼされます。

＊

本来人間は、滅びる確率が高い動物だったはずです。霊長類の中で、突然変異で生まれた変わり者です。実際人間の子どもはみんなヒトの手がないと生きられない未熟児として生まれます。二足歩行どころか、ハイハイもできず、エサも自分で食べられないような状態です。ほかの猿はみんな生まれてすぐに母親にしがみついて、自分でおっぱいを飲んで生きています。

多くの類人猿は森の中で生きているのに、われわれ人間はサバンナに追い出されたんです。自ら出たのではなく、木登りが下手で追い出されたんじゃないのかと、私はいつも勘ぐっています。サバンナでは、立たないと周囲が見えないので二足歩行が進化した。そして、体が弱くなった分、頭で勝負するという方向に進化しました。

この章のまとめとしては、人間と野生動物には「ヒューマニティー」という違いがある。それはもちろん素晴らしいことだが、反面エゴイズムに傾くと、いじめ問題、さらには人間社会の崩壊につながりかねない。

人間自身の未来は生かすも殺すも人間のエゴ次第といったところでしょうか。

第3章

遺伝

「遺伝」とはわずか4つの塩基の組み合わせ

「自分が丸顔なのは、お母さんからの遺伝かもね」とか、なにげなく使われている「遺伝」という言葉ですが、その意味を誰かにきちんと説明するのは意外と難しいですよね。これまでの章でも「遺伝子」という言葉がたびたび登場してきました。ここで改めて「遺伝」という生命現象と、それをつかさどる物質である「遺伝子」について説明してみます。

遺伝とは、親から子へと世代を越えて、形質が伝わることです。そして伝えるための情報伝達物質が遺伝子です。われわれの体そのものも、この遺伝子に設計図が書き込まれています。遺伝子が親から子へ受け継がれることで、親の持つ形質が子に受け継がれます。

遺伝子自体は、DNA（デオキシリボ核酸）という物質でできています。昔、学校の生物で習った人も多いかと思います。

遺伝子のスゴい点は、DNAを構成するたった4つの塩基、アデニン（A）、グアニン（G）、チミン（T）、シトシン（C）の並び方だけで、遺伝情報すべてがつかさどられていることです。わずか4つの塩基で、膨大な生物の体の情報を制御しているのは驚くべきことです。

読者の方は、DNAが具体的にどのようなものなのか想像できないかもしれませんね。基本的にはＤＮＡの１本１本は分子の塊にすぎないので、肉眼で見ることはできません。ただ、組織を砕いて、細胞を溶かして、ＤＮＡをまとめて抽出すると、白いモヤモヤとしたものとして見ることができます。

＊

染色体という言葉も聞いたことがあると思います。これはＤＮＡとタンパク質がつながったひも状物質が螺旋《らせん》構造になって詰まっている状態です。ＤＮＡは染色体となって細胞の核の中に収められています。

人間の場合、染色体は23ペア、すなわち合計46本が核に収められています。半分の23本が母親から、もう半分の23本が父親から受け継がれ、それぞれペアになって46本の染色体となっています。

お父さんの染色体とお母さんの染色体が合わさることで、その子どもはハイブリッドとして生まれます。そのときの遺伝子の発現は、父親遺伝子と母親遺伝子が相互作用し、どちらかの形質が強く出る場合もあれば、双方の形質が合わさるケースもあります。

組み合わせが無数になってしまうのは、ほかの生物でも一緒です。人間の染色体46本は、全生物の中で割と多い部類です。ただヤドカリの一種は２５４本と多く、ザリガニやコイ、シダ類も多いなど体の大きさとは関係ないとされています。

教科書にあった「メンデルの法則」をもう一度

「遺伝」といえば、「メンデルの法則」が有名です。オーストリアの修道院の司祭であり、研究者でもあったグレゴール・ヨハン・メンデルが、親から子へと形質がつながることに気づきました。

メンデルは、エンドウマメの株の背の高さという形質には変異があり、その形質は次の世代にも受け継がれるものだということ、つまり「遺伝」という現象を発見しました。

彼は、背の高いマメの株から種を採集してそれを撒いて、育った株の中からまた背が高い株の種子だけ集めて撒いて、という「選抜」を続けました。すると、必ず背が高くなるエンドウマメの系統ができあがることを発見しました。逆に背の低いエンドウマメでも同じように背の低い株からだけ種子を集めて撒くというプロセスを繰り返すと、必ず背が低くなる系統ができます。つまり選抜によって形質が固定することを明らかにしたのです。

こうしてできた背の高いマメ系統と背の低いマメ系統をかけあわせて、ハイブリッドの種子を作り撒いて育てると、すべて背の高い株に育つことを発見しました。これは「背が高い」という形質の方が「背が低い」という形質より強く発現するということ。すなわち背が高い遺伝子の方が優性であることを意味し、メンデルはこのように遺伝子の形質発現に優劣があることを「優性の法則」と名付けました。

そしてこのハイブリッド同士をかけあわせて次の世代の形質を見てみると、背が高い株と背が低い株が3：1の割合で分離して生えてくることがわかりました。

この現象の原理は次のように説明されます。まず、マメの背の高さを決める染色体の部位、すなわち遺伝子座に、「背が高くなる遺伝子」と「背が低くなる遺伝子」のふたつの遺伝子が存在します。前者をA、後者をaと表すと、背が高い形質に固定された系統の遺伝子の組み合わせはAA、背が低い系統の遺伝子の組み合わせはaaです。両者間のハイブリッドの遺伝子の組み合わせはAaとなり、表面上の形質は「背が高い」となります。そしてAaとAaをかけあわせると、めしべの卵細胞の遺伝子タイプはAかa、同じく花粉の精子（精細胞）のAかaとなり、卵子と精子の組み合わせは、AA、Aa、Aa、aaが1：1：1：1の割合で生じることになります。そして、それぞれの組み合わせで生じる形質はAA＝背が高い、Aa＝背が高い、aa＝背が低い、となるので、背が高い：背が低いの割合は3：1となります。このように子孫で遺伝形質が一定の比率で分離することをメンデルは「分離の法則」と名付けました。

エンドウマメの背の高さの遺伝

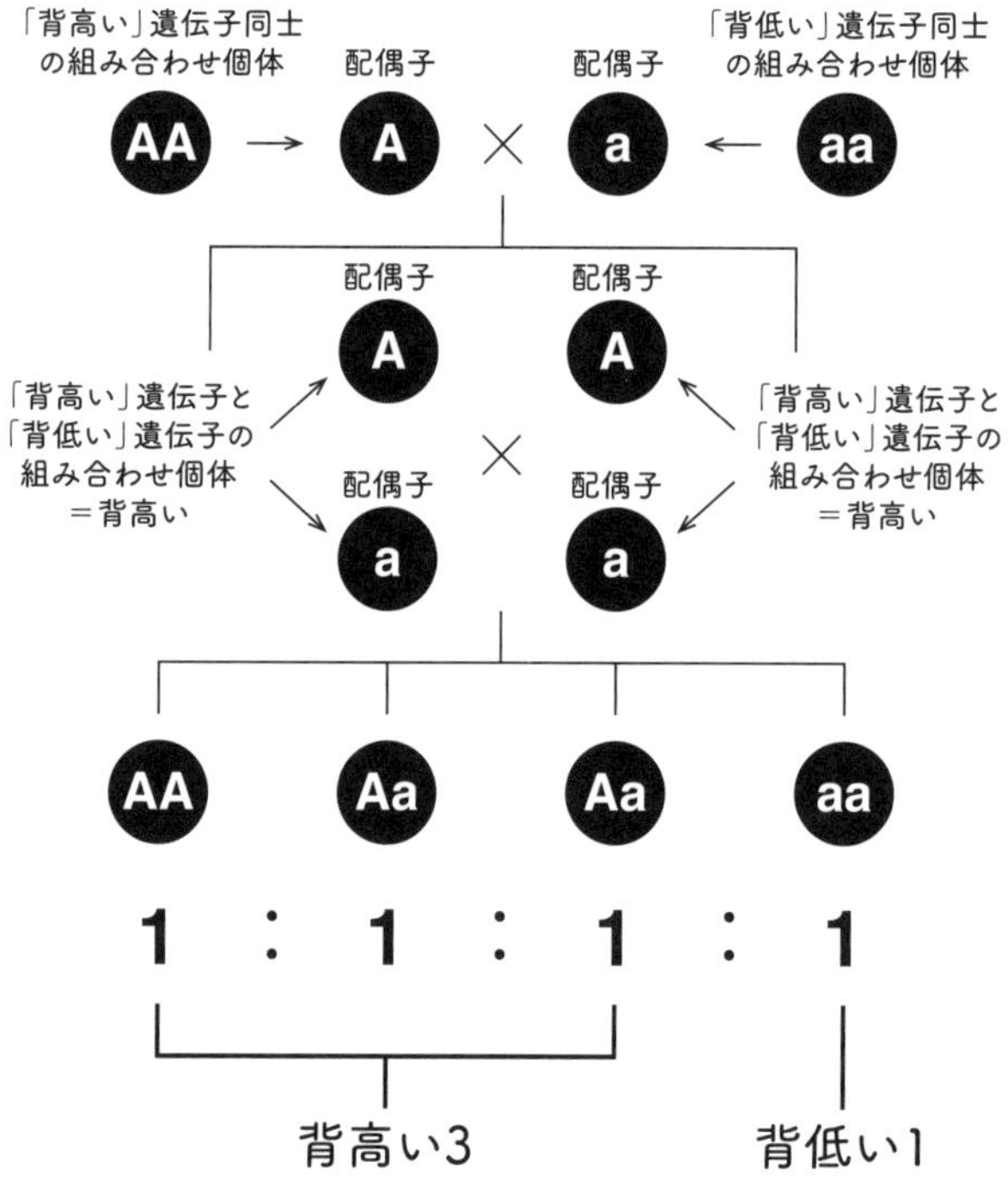

「背高い」遺伝子同士
の組み合わせ個体
配偶子
配偶子
「背低い」遺伝子同士
の組み合わせ個体
AA
A
×
a
aa
配偶子
配偶子
A
A
「背高い」遺伝子と
「背低い」遺伝子の
組み合わせ個体
＝背高い
×
「背高い」遺伝子と
「背低い」遺伝子の
組み合わせ個体
＝背高い
配偶子
配偶子
a
a
AA
Aa
Aa
aa
1 ： 1 ： 1 ： 1
背高い3
背低い1

メンデルはマメの形質をもとにこれらの遺伝の法則を鮮やかに証明して見せたのですが、メンデル自身はこのとき遺伝子そのものは発見していなかったのです。

メンデルがこの遺伝現象を発表したのは、１８６５年ですが、あまり注目を浴びることもなく、彼は１８８４年に亡くなってしまいます。１９００年代に入って、オランダのド・フリース、ドイツのコレンス、オーストリアのチェルマックという３人の学者により、メンデルの遺伝の法則が再評価されることとなります。

メンデルの時代には遺伝子を見つけることができませんでしたが、メンデル再評価の時期には、細胞を観察できるようになっていて、遺伝子の存在が明らかになっていたのです。遺伝子の存在抜きで遺伝の法則を見つけたメンデルは形質を観察する天才だったといっていいでしょう。

＊

ところで、実際の遺伝では、このエンドウマメのケースのようにキレイに分離する形質は多くはありません。ヒトの場合でも、身長、体重など多くの場合は、染色体上のたくさんの遺伝子座がからんでいるケースが多いので、分離比は複雑です。キレイには分離されません。

だから、エンドウマメのケースのように背の高いお父さんと背の低いお母さんから、必ず背が高い子が生まれてくるとは限らない。背が高い子もいれば、低い子もいて、中くらいの子もいる。子どもの成長には遺伝子だけではなく成長時の栄養状態などの環境要因も関わってきます。

「遺伝」という現象を簡単にまとめるのは難しいですが、まず、DNAという遺伝をつかさどる物質があり、それは塩基で作られているということ、塩基の並び方で遺伝情報が変わること、その塩基が螺旋状にぐるぐる詰まったものが染色体で、それが父親、母親の双方から出てきてくっつくことで、子どもという新しいハイブリッドが生まれ、形質が受け継がれるということ。これが遺伝という現象のメカニズムとなります。

「ハゲは隔世遺伝する」は迷信なのか!?

先ほどメンデルが見つけた法則のひとつに「優性の法則」があったと記しましたが、改めて遺伝子の「優性」「劣性」について説明しておきます。遺伝子にはふたつの型があり、特徴が発現しやすいものを「優性遺伝」、現れにくいものを「劣性遺伝」と呼んでいます。ちなみに、2017年に遺伝学の学会で、この優性、劣性という言葉が「優れている」あるいは「劣っている」という誤解や印象を招くとして別の言葉に置き換えられることが決まったそうです。

今後は優性を「顕性《けんせい》」、劣性を「潜性《せんせい》」とするとのこと。生物学界では、「優性」「劣性」を長い時代使ってきたので、定着までには時間がかかるかもしれません……。もちろん、もともと、遺伝子に優劣はありません。表現が強く出る、出ないの話です。

例えば、赤白の変異がある花のケースだと、赤い花と白い花の間のハイブリッドに、中間のピンクではなく、赤い花ができたら、赤の遺伝子が優性で、白の遺伝子が劣性となります。逆に白い花ができれば、赤の遺伝子が劣性になります。

一方、赤と白のハイブリッドの形質がピンク色になるように、両方の形質を足して２で割る形で現れることを「共優性」といいます。これは人間の血液型の中のＡＢ型の遺伝様式にも見られます。人間の血液型はひとつの遺伝子座上の遺伝子によって決定しており、血液型を支配する遺伝子はＡ、Ｂ、およびＯの３つになります。Ａ遺伝子およびＢ遺伝子はＯ遺伝子に対して優性なので、血液型のＡ型はＡＡもしくはＡＯの組み合わせで発現します。Ｂ型はＢＢおよびＢＯの組み合わせで発現し、Ｏ型はＯＯで現れます。一方、遺伝子Ａと遺伝子Ｂの間に優劣の関係はありません。ＡＢ型はＡとＢが組み合わさることで、どちらも発現するからＡＢなのです。

ところで劣性遺伝子は、優性遺伝子と組み合わさると形質発現が隠れるため、多くの場合、子ども世代ではその形質は隠れていることがあります。そして次の世代で劣性遺伝子同士の組

血液型の隔世遺伝

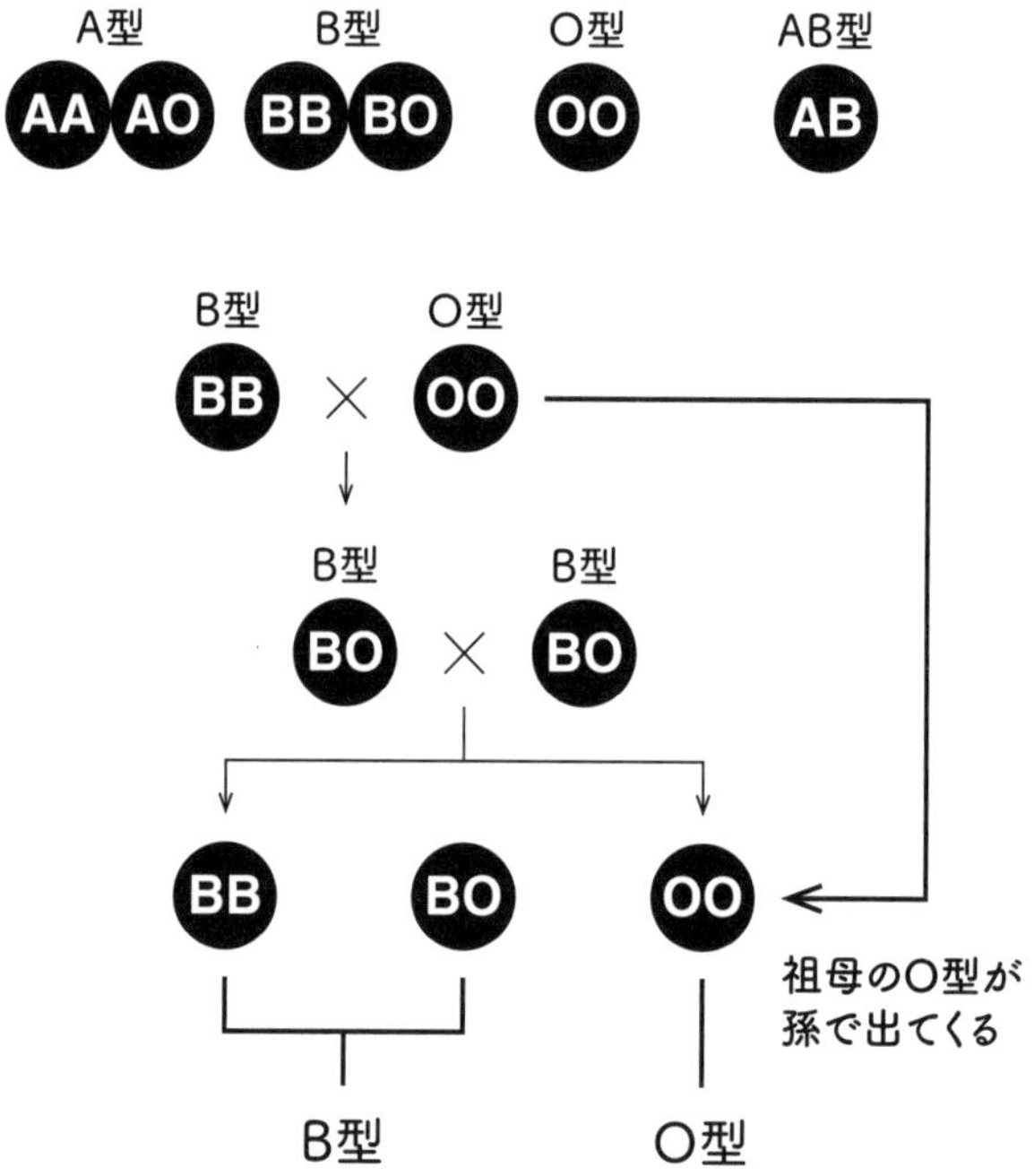

A型
B型
O型
AB型
AA
AO
BB
BO
OO
AB
B型
O型
BB
×
OO
B型
B型
BO
×
BO
BB
BO
OO
祖母のO型が
孫で出てくる
B型
O型

み合わせになって、隠れていた形質が発現することがあります。それが隔世遺伝といわれるものですね。先ほどの血液型のケースでは、O型の母親（OOの組み合わせ）とB型の父親（BBの組み合わせ）の子どもは全員遺伝子の組み合わせがBOとなるので、全員B型になります。この子どもが、BOの人と結婚すると、生まれてくる子ども、つまり最初の夫婦から見て孫は、B型（BBかBO）とO型（OO）になります。つまり祖母のO型が孫の世代に発現したことになります。

＊

世間では、ハゲも隔世遺伝するといわれています。これは迷信でも都市伝説でもなく、ちゃんと遺伝というメカニズムで説明されます。ハゲ、すなわち脱毛症は、男性ホルモン「テストステロン」と「5αリダクターゼ」という還元酵素が結びついて生成されるジヒドロテストステロン（DHT）という物質が原因とされます。

ジヒドロテストステロン（DHT）は、別名「脱毛ホルモン」と呼ばれ、毛根に存在するアンドロゲン受容体に結合することで髪の成長を抑制したり皮脂を過剰に分泌し毛髪の育成に悪影響を及ぼす物質です。このアンドロゲン受容体の感受性が高ければ高いほど、DHTと結びつきやすくなり、ハゲる確率が高くなるとされます。このアンドロゲン受容体の感受性は遺伝子によって支配されており、その遺伝子は性染色体であるX染色体に乗っています。

いったんここで性染色体の説明に話をずらします。人間には染色体が23対46本あるということを以前に説明しました。実はそのうちの1対は性染色体と呼ばれ、性別を決定する役割を果たしています。

性染色体にはXとYの2種類があり、その組み合わせがXXだと女性になり、XYだと男性になります。女性が作る卵子はすべてX染色体しか持ちませんが、男性が作る精子にはX染色体を持つものとY染色体を持つものが存在します。X染色体しか持たない卵子にX染色体を持つ精子が接合すればXXの組み合わせの子どもが生まれ、その子は女の子に成長します。また、父親のX染色体は娘にしか遺伝せず、息子のX染色体は必ず母親からしか遺伝しません。

さて、ハゲのなりやすさをつかさどる遺伝子はこの性染色体のX染色体上に存在します。仮にハゲが起こりやすい遺伝子＝ハゲ遺伝子をaとして、aが乗っているX染色体をXaと表すとします。女性はXX、もしくはXaXもしくはXaXaという性染色体の組み合わせがあります。女性でもハゲ遺伝子は持ち得るわけですが、女性は男性ホルモンがもともと少ないためハゲ遺伝子があってもハゲません。一方、男性の性染色体にはXYもしくはXaYの組み合わせが存在し、XaYの組み合わせを持つ男性はハゲが発現しやすいことになります。

ハゲ遺伝子はX染色体に乗っているから、子どもはハゲ遺伝子を受け継ぐとしたら母親から

ハゲの隔世遺伝

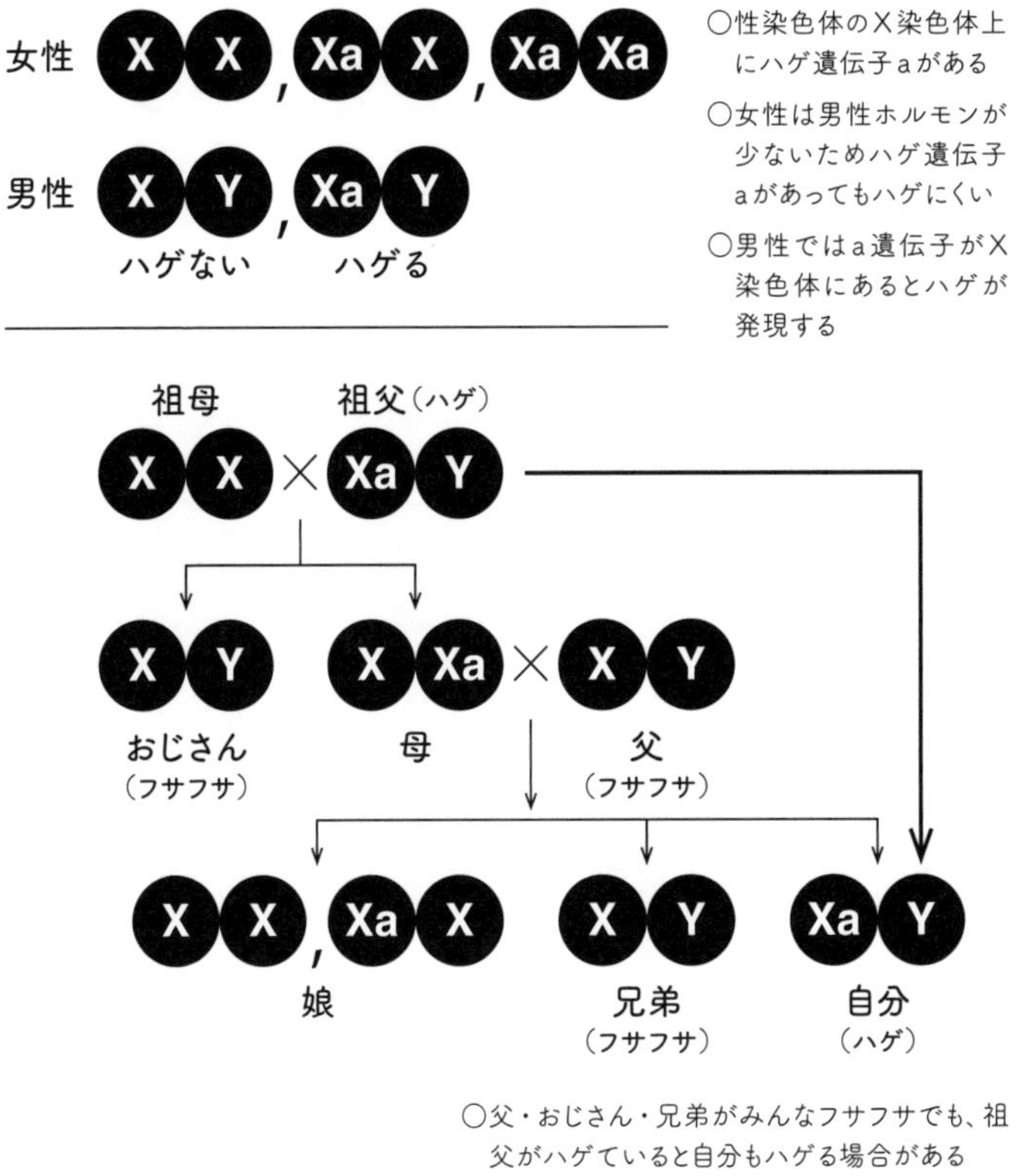
女性
X X, Xa X, Xa Xa
男性
X Y, Xa Y
ハゲない
ハゲる
○性染色体のX染色体上にハゲ遺伝子aがある
○女性は男性ホルモンが少ないためハゲ遺伝子aがあってもハゲにくい
○男性ではa遺伝子がX染色体にあるとハゲが発現する
祖母
祖父（ハゲ）
X X × Xa Y
X Y
X Xa × X Y
おじさん
（フサフサ）
母
父
（フサフサ）
X X, Xa X
X Y
Xa Y
娘
兄弟
（フサフサ）
自分
（ハゲ）
○父・おじさん・兄弟がみんなフサフサでも、祖父がハゲていると自分もハゲる場合がある

しか受け継ぎません。そのため父親がハゲ遺伝子を持っていなくても、母親から子どもにハゲは遺伝します。もし、母方の祖父がハゲていたなら母親にハゲ遺伝子が受け継がれ、そのハゲ遺伝子が子どもに遺伝して、その子が男の子ならハゲ遺伝子が発現してハゲる可能性が高くなります。つまり親がハゲてなくても祖父がハゲていたことで子ども世代がハゲるという隔世遺伝が起こることになります。

遺伝というのは、統計的確率です。

「とんびが鷹を生む」ということわざは、まさに遺伝の例えです。母親が天才の遺伝子を持っているけど、違う遺伝子で隠されていて、父親にも隠れた天才遺伝子があった。そんなふたりが出会い、母親と父親、両方の天才遺伝子が組み合わさった遺伝子型の子どもが生まれれば、その子は天才になる素質を持つことになります。

今まで遺伝のすべては自然に任されていました。男と女が出会い、結婚し、生まれてくる子どもは、両者の遺伝子の組み合わせで、その見た目と性格が決まる。それは生まれてきてから、だんだんと成長していく中でわかることでした。ただ、今はそれを生まれる前から調べることができるようになってきました。可能にしたのは、遺伝子検査です。

遺伝子検査でガンにかかる確率がわかる!?

女優のアンジェリーナ・ジョリーが自分の遺伝子を調べ、自らがガンになる可能性があることを知り、健康な乳房を切除しましたよね。ガンを発生させる遺伝子は特定されているので、その遺伝子のタイプと組み合わせを調べて、ガンが発生する確率が高いと判断されたことから、彼女は決断しました。

この遺伝子検査を胎児に対して行えば、将来的に病気になる確率や先天性の障害が発現する確率がわかるようになります。現時点では、お母さんの血液から胎児の染色体異常の検査をすることが可能です。正式には無侵襲的出生前遺伝学的検査といわれています。この染色体診断の結果により、堕胎を選択する親が増加する可能性があると欧米などで議論がなされています。この話は、遺伝子優生論につながっていくので、次の章でさらに詳細を説明したいと思います。

胎児の遺伝子検査については欧米ではすでに取り入れている国もあり、イギリスでは2004年以降ダウン症などを診断するための国家的なスクリーニング（遺伝子検査）事業が行われ、すべての妊婦が検査を受けるべきとされています。日本ではまだ、この出生前診断を規制する法律はなく、医学の世界で倫理上の問題として議論が続いています。

遺伝子検査は、近い将来、いわゆるダウン症など染色体の病気だけでなく、生まれてくる子どもが「ガンや糖尿病になりやすい」という診断も可能にすると考えられます。ただ、それは確率であって、100%ではありません。それまでの知見から統計計算をして「この遺伝子の組み合わせだと90%の確率でガンになる」と導き出すものです。

事前にそれを知り「生む、生まない」を決めてしまう。

実際にこの出生前の遺伝的診断を受けて、染色体異常が陽性と診断された妊婦さんの90%以上が中絶を決断されているという統計データがあります。一方で、第一子目は遺伝的診断を受けたけど、二子目のときには受けなかったという意見も聞かれます。その背景には一度子どもを生んだことで母性が強まり、どんな子でもわが子として受け入れたいという思いがあったからではないかと思われます。

親から子に遺伝するものはどこまでわかっている？

もしあなたが「頭の良い子」を望んでも、頭の良さに関わる遺伝子は現状わかりません。計算や論理能力など頭の使い方に遺伝的な差はあるでしょうけど、環境も非常に大きいからです。頭の良い家系は日頃から「家で勉強しましょう」という教育になりますしね。壮大かつ長期的なデータ採集をしてみないとわからないのです。

遺伝学には行動遺伝学という研究分野があります。行動そのものも遺伝子によって決まる部分があるとされ、遺伝学の用語で「遺伝率」という尺度もあります。例えば、ひとつの行動に遺伝的要因がどれぐらいを占めるかを表すのが遺伝率で、行動遺伝学でも行動パターンの遺伝率が調べられています。

例えば、ショウジョウバエのような昆虫では、行動パターンに遺伝が影響することが確認されています。「頭を掻きやすいハエ」を交配実験して組み合わせると何世代も遺伝していくということがあります。

行動そのものは神経細胞による電気信号が作り出すものであり、体内における神経細胞の電気信号の発生の仕方には遺伝的な要素が関わっていてもおかしくはなく、当然人間の行動パターンにも遺伝的なバックグラウンドが存在することになります。

人間の「怒りっぽさ」「うつ病になりやすい」など、メンタルに関わる生理的形質も少しずつ遺伝子で分析できるようになってきました。

＊

人間の行動や性格にも遺伝子が関与するとなれば、「成功者にも、究極的には遺伝子が関与している」という発想が生まれます。そこで「デザイナーベビー」という新たな問題が噴出することになります。

実際に欧米では、高額所得でビジュアルがいい弁護士や俳優の精子を預かる、ジーンバンク（精子バンク）企業が誕生し、精子がストックされ、売買されています。女優のジョディー・フォスターはその精子バンクを利用し、未婚の母になったことは有名です。

しかも、最先端の遺伝子工学だと、精子と卵子がかけあわさったときに遺伝子を組み換え、操作することも可能となります。

しかし、実際には性格や体型などには、遺伝以外に学習や環境要素があります。個人のパーソナリティは遺伝と後天的な要因が組み合わさっていることを忘れてはいけません。

例えば、身長や体重が大きくなる遺伝子を持っていても食べる量が少ないと、貧弱な体になってしまいます。

現代社会における価値観で「優良」とされる遺伝子のみを選択して次世代に伝えるという行為は遺伝子の多様性を劣化させることにもつながるおそれがあります。個性＝パーソナリティの豊かさがあるからこそ、人間社会は発展を続けることができます。人間の遺伝子には無限の可能性があり、一元的な価値観だけで遺伝子を評価することは人間の可能性の幅を狭めることになるのではないでしょうか。

ウイルスを超える!? 狂牛病の原因プリオン

遺伝子工学の技術を使えば、ウイルスを作ってしまうこともできます。

ウイルスはRNAやDNAという遺伝物質をタンパク質の殻で包んだだけの簡単な構造をした最小の「生物的存在」です。ここで生物的存在という言葉を使った理由は、実はウイルスは生物ではないとする意見が生物学界では長らく通用されてきたからです。

生物学の世界では生物とは「細胞を持ち、自分でエネルギー生産して、増殖できるもの」と定義されます。ウイルスはなにかの生物に寄生して、宿主細胞の代謝を利用して増殖するものです。自分だけでは、増殖できないのです。

だから生物としての概念を外れ、教科書的には生物でないとされています。

でも、広い見方をすれば、宿主に寄生して自分のコピーを大量に生産して、さらには宿主生物に対して病気などの影響をもたらす、という性質は「生物」そのものといってよく、生物と非生物の境界線にある存在といえます。

ウイルスは20世紀に入り、電子顕微鏡ができてから、初めて観察されました。細菌＝バクテリアが17世紀に研究され始めて以降、多くの病気が細菌によるものと考えられていたのですが、

19世紀に入って、顕微鏡では見えない病原体という存在が発見されました。メンデルが遺伝子の存在を予告していたのと同じです。バクテリアは濾過《ろか》すれば見えたのですが、ウイルスはもっと小さかったのです。

現在の技術では、DNAを改変することで、人工的にウイルスを製造することができます。さらに最近では、有効なワクチン開発を加速するためにインフルエンザウイルスの感染性を遺伝子工学的に高めた人工ウイルスを作出するという研究も行われています。

2018年1月に、『PLOS ONE』という学術雑誌にウマの感染症を引き起こす馬痘ウイルスを人工的に合成することに成功したという論文が掲載されて、大きな物議を醸しました。

実はこの論文は、最初は『Science』誌や『Nature Communications』誌といった一流雑誌に投稿されていました。ですが、馬痘ウイルス作出技術が、天然痘という人間にとって重大な感染症ウイルスの作出を可能にするものであり、バイオテロに悪用されかねないとして、これらの雑誌は、掲載を却下したのです。

しかし、『PLOS ONE』誌は、本論文の技術的なリスク以上にワクチン開発に役立つ部分が大きいとして掲載を認めたとのことでした。

たしかにいかなる科学技術にも利益とリスクの両面があります。しかし、ウイルスは生物的に増殖し、進化もする存在です。万一こうした人工ウイルスが野外環境に放出された場合、それを制御する術をわれわれ人間は現時点で持ち合わせているとはいいがたく、またそれを野外に放出しない完璧な隔離手段も持ち合わせてはいません。なぜなら、作るのも管理するのも人間であり、人間自身の行動に「完璧」はありえない、いや、むしろ時として「悪意」を持ってその管理を破綻させることが起こるからです。

＊

自分が生物学を研究していてウイルス以上に驚いた存在が狂牛病の原因となる「プリオン」です。ウイルスはＤＮＡもしくはＲＮＡというわばわれわれ生物と共通の核酸物質を持っています。ですが、プリオンはただのタンパク質＝アミノ酸なんです。つまり遺伝子はない。

プリオン自体はわれわれ人間も含めてすべての動物の体内に存在し、特に脳組織に多量に存在するとされています。

このもともと存在するプリオンは正常プリオンと呼ばれ、病気を引き起こすのはこの正常プリオンの立体構造が変化した異常プリオンになります。体内にこの異常プリオンが入り込むと、異常プリオンが正常プリオンの立体構造を改変して異常化するという反応が連鎖して、体内に異常プリオンが蓄積し、病気が発症するのです。現象だけを見れば、これはウイルスなどの病原体が感染して増殖することと同等のことを、このプリオンというタンパク質はやってのけていることになります。

生物学での自己増殖とはDNAという遺伝子情報物質が鋳型となって、そのコピーを生産し続けることを意味します。プリオンは、コピーの鋳型がDNAでなくてもOK。鋳型はタンパク質なのです。

プリオンを見れば、物質が物質をコピーして作っていくということが遺伝現象にもなりうるし、増殖する存在＝生物的存在ともなりえます。

プリオンは広い意味で生物といってもいいのかもしれません。しかし、現状のわれわれの生物学の定義からすると遺伝子を持っていないから生物ではない。

プリオンを見ていると、DNAを基本とした生物の定義は、実際には意味をなさないとすら思えます。広い宇宙のどこかでは、全然違う形で増殖するシステムを持っているモノ・生物がいてもおかしくはないのではないかと思わされます。

もし、地球外のどこかで、石が石を増やすような現象があれば、それは、立派な宇宙生物といっていいと思います。

DNAやRNAという人間が考えた概念では、捉えられない違う生物学がそこには存在します。そういう意味ではプリオンは従来の生物学的概念を超えた生物的存在の可能性を示してくれている気がします。

プリオンの増殖は化学的な連鎖反応という現象にすぎませんが、それでも、増殖する有機体として、宿主である生物にインパクトを与えることができるということは、生物としての挙動となんら差はありません。

これまでプリオンは医学的な見地、すなわち治療の観点からの研究が中心となっていますが、自分としては進化生物学の対象として、プリオンの進化が気になりますね。

私は、ＳＦ映画ファンで、今でもよく見るのですが、せっかくサイエンスフィクションなのに、エイリアン（地球外生命体）をＤＮＡありきの生物学的世界観で設定することが多いのが残念です。

まさにタイトルそのものの『エイリアン』シリーズも、いつの間にやら、人間の創造主が自らのＤＮＡを用いて人間を作り出し、その人間が同じく自らのＤＮＡを改変してエイリアンを作り出した、なんてオチがついたりして、ちょっとガッカリしました。人間の創造力というのは、意外とリジッド（堅い）なもんだなぁ、と思ってしまいます。

今の科学技術で人間のクローン作成は可能なのか？

１９９０年代にクローン羊のドリーが発表され、世界に衝撃を与えましたね。また、２０１

8年には、ドリーと同じ技術を使い、中国でクローンのカニクイザルが誕生し、霊長類で初めてクローンが成功したと話題になると同時に、クローン人間を作る技術につながるのではないかと物議を醸しました。

最近新しいクローン技術として話題になったのが「iPS細胞」です。iPS細胞は人間の皮膚などから採取される体細胞に、特定の遺伝子を導入し、培養することによって作られます。そして、iPS細胞はさまざまな組織や臓器の細胞に分化する能力とほぼ無限に増殖する能力を持ちます。「人工多能性幹細胞」、英語では「induced pluripotent stem cell」と表記しますので頭文字をとって「iPS細胞」と呼ばれています。iPS細胞は自分の臓器や神経細胞を増殖させ、免疫反応をなくして、移植するという、再生医療技術としての活用が期待されています。

体細胞から自分の臓器が再生可能ということは、部分的にでも自分のクローンを作成しているのと同じことであり、究極的にはクローン人間を作ることも可能となります。

このように遺伝子工学の技術の進歩によって、今では人間のクローンも可能なところまできています。しかし、クローン人間の実験は、倫理的観点からまだ行われていません。日本でも『ヒトに関するクローン技術等の規制に関する法律』が2000年に公布され、クローン人間を作ることは禁止されています。

ただ、核拡散防止条約と同じように禁止をすれば、秘密裏に実験を進める国が出てくるんじゃないかと思いますね。映画『ルパン三世　ルパンVS複製人間』に登場するマモーみたいに、歴史上の独裁者を複製して現代に蘇らせるなんて輩がどこかにいるかもしれません。体のコピーは作れるとして、本当にクローン人間というものは自分の生き写しになってくれるのでしょうか？

基本的に遺伝子が同じだと人の体の構造はすべて一緒です。ただし、知識や経験、そこから生み出される思想までがコピーされるわけではないので、そのままの自分のコピーを作るためには、自分が経験してきたことを一からすべて教えないといけません。

逆にいえば、凶暴な人間のコピーでも優しく育てれば、優しい人に育つ可能性があります。人格の形成は育て方次第です。だから、形だけ人間のコピーを作ったところでどうするんだという話になるんじゃないかと思います。今のところ、美男子・美女の姿・形を永久保存することぐらいしかクローンの有効な使い道は思いつきません（笑）。

iPS細胞が可能にする夢の再生医療

iPS細胞とはクローンで使う体外受精の技術と違い、細胞自身にキーとなる物質を与えることで、細胞分裂させ、体細胞を増殖させることができる技術です。

将来的には極端にいうと人から髪の毛1本抜いて、その髪からでも、どのような臓器も再生が可能になるでしょう。

だから「再生医療」に注目が集まっているんです。今、国内でスタートした世界初の実験は、網膜を再生し使用しています。

ものすごく大雑把にいってしまえば、iPS細胞、再生医療は、クローン技術の一部でもあります。自分の肝臓や角膜のコピーなので、移植しても免疫の拒絶反応が起こりにくいわけです。しかも完全に新しい臓器に入れ替えることができるから、あらゆる難病に対応できるようになります。まさに「夢の再生医療」と呼ばれるゆえんです。

ただ「再生医療」にも問題はあると思います。

例えば、iPS細胞のガン化です。ガンもなんらかの刺激で突然正常だった細胞が異常になるわけですから、iPSを作るときにもありえます。まだまだ技術革新が求められているところで、研究が続いているんでしょうね。

自分が専門としている生態学はあくまでも自然の流れに沿った生命現象を対象に研究する学問です。iPS細胞のような遺伝子工学は自然の流れに相反するともいえる技術なので、生態学者は遺伝子工学をよくは思わない傾向が強いと思います（笑）。遺伝子工学の技術は生態学の観点からはリスクとしてみなされることが多いです。実際にリスクが議論されている遺伝子工学の産物、それが遺伝子組み換え作物です。

米国産遺伝子組み換えナタネが日本を襲う!?

クローンやｉＰＳ細胞の倫理観と同様に組み換え作物にも利益とリスクの問題が含まれます。組み換え作物とは、病気や害虫に強い遺伝子を作物のＤＮＡに組み込んで作られた「遺伝子組み換え体」です。

例えば、昆虫病原菌であるＢＴ菌（Bacillus thuringiensis）の殺虫タンパクの設計図となる遺伝子を作物に組み込み、害虫に耐性を持つ作物が実際に作られています。植物同士だけでなく、菌のような分類群を離れた生物から有用な遺伝子を見つけ出し、それらを農作物に組み込むことができるのです。しかしこの技術も、使い方を間違えれば危険なものが作り出されるリスクを孕《はら》みます。

＊

遺伝子組み換え作物の第一の問題は、遺伝子発現プロセスをわれわれが十分に把握できているのか、という点です。

ＢＴ毒素の遺伝子を作物に組み込むと毒素遺伝子が発現し、毒素が生産されることでその作物は害虫に対する耐性を身につけます。しかし、この毒素生産遺伝子は単に毒素を生産するだけの機能を付与するとは限らないのです。

新たな遺伝子が染色体に組み込まれることで、遺伝子同士の相互作用が働き、染色体上の別の遺伝子のスイッチが入ることも起こりえます。遺伝子組み換えによる細胞内の遺伝子発現はブラックボックスで、本当はなにが起こるかわからないというリスクを抱えた状態で作られ続けています。

もちろん組み換え作物の安全性については基準が定められていますが、実験動物を使ったリスク評価だけで人間の健康に対するリスク、あるいは生態系に対するリスクを完全に把握できるとはいえません。われわれの見えないところで、遺伝子組み換え作物は、本来自然に作られる物質とは違うものが作られていて、長期に摂食することで人間の健康になんらかの影響を及ぼす可能性はゼロではないといえます。また、生態系に障害を起こす物質が作られているかもしれません。

今の評価システムでは、それらの潜在的リスク因子をすべて見つけ出すことは難しく、いつそうしたリスク因子が発現するかもしれないのです。

作物以外にも組み換え体のリスクは存在します。

例えば、ある薬の効果を調べるために、薬剤がまったく効かないハエを遺伝子工学によって作り出そうとしていたら、本当にどんな薬も効かないハエができてしまった。実験室内なら対処もできますが、このハエが外に出て、制御不能になると、大変なことです。

実際に日本で起こっている深刻な例があります。それは、アメリカ産の除草剤耐性の組み換えナタネの遺伝子が野外で拡散しているという話です。

この遺伝子組み換えナタネは、植物ならなんでも枯らしてしまう除草剤・グリホサートを被っても枯れない耐性遺伝子が組み込まれており、その結果、畑で散布しても雑草だけが枯れて、この組み換えナタネは生き残ります。この耐性遺伝子は微生物から見つけ出されたもので植物由来ではありません。この組み換えナタネ自体は日本国内では栽培されてはいません。ただし、食用油の原料としてそのタネがアメリカから日本に運ばれています。そして国内の港から工場への運搬途中にタネがポロポロとこぼれて、ある地域で野生化しているのです。

これは除草剤が効かないナタネです。国内で除草作業にもめげずにどんどん野生化が進行するかもしれません。しかも、組み換えナタネの遺伝子は花粉を通じて日本に原生するアブラナ集団に浸透する可能性があります。つまり組み換えナタネと日本のアブラナの間で交配が起こるかもしれないのです。

これまでの国立環境研究所の調査結果から、こぼれた種からナタネが自生したエリアでは、ハチやチョウなどの訪花昆虫が組み換えナタネの花粉を体につけて、運んでいくところまで判明しています。花粉が運ばれた先でアブラナとのハイブリッドを作ったかどうかはまだ確認中です。組み換えナタネやハイブリッドがどれくらい日本の環境に適応できるかも今後の遺伝子拡散のキーとなります。

このような実例もあることから、組み換え遺伝子が国内に侵入して拡散するリスクは決して絵空事ではないのです。

もし拡散してしまうと、もともと日本にあるナタネがなくなるだけでなく、人間の作り出した外来の遺伝子が、自然界に広がります。遺伝子の浸透が最終的にどんな影響をもたらすかは、予測が困難です。

過敏に心配しても仕方がないという意見もありますが、遺伝子のシステムというのは、非常に複雑で、まだわからないことだらけです。遺伝子組み換え技術はブラックボックスとして慎重に扱うことが必要です。

生物相手の新技術がもたらすリスクは、工学的なリスクと違います。新しいエンジンの自動車を作っても、そのメカニズムを人間は把握できていますから、どんなトラブルが起ころうが、基本的にフォローはできます。

しかし相手が生物だとフォローすべき対象は、生態系や集団まで幅広く生じ、どのレベルでもトラブルのシステムは極めて複雑です。

細胞レベルでは遺伝子間の相互作用、個体レベルだと細胞間の相互作用、生態系までいくと種間・個体間の相互作用が環境に応じて複雑な反応を示します。ここの反応プロセスは不確実性が高く、予測も困難となります。それゆえに生物は本来アンコントローラブル＝コントロール不能な存在です。

だからこそ、人間がほかの生物の遺伝子をオペレートしてしまうことが、なにかしらのリスクを孕んでいる可能性を十分に考えなくてはならない。生物は進化する＝変化を続けるので、遺伝子組み換え体も自然環境の中でどのように進化していくかわからない。その不安定性・不確実性を念頭に置かないといけません。生物を工学的に改変することに潜在するリスクについては、十分に議論するべきでしょう。

遺伝子工学は取り扱い注意なテクノロジー

生物に新たな遺伝子が組み込まれて起こるリスクは自然界にも見られます。

夏場になるとよく話題になる食中毒の原因菌Ｏ－１５７に代表される腸管出血性大腸菌。実はこれらは自然の遺伝子組み換えによって生じる細菌なのです。

通常の大腸菌は無毒です。しかし、宿主である大腸菌のDNAにファージと呼ばれる「細菌に感染するウイルス」がベロ毒素の遺伝子を運んでくることで、「有毒」大腸菌＝腸管出血性大腸菌に変貌するのです。このベロ毒素遺伝子は、もともとは赤痢菌が持つ毒素遺伝子で、それがファージに取り込まれて、大腸菌に運ばれていると考えられています。

この現象は「遺伝子の水平伝播」といわれ、親から子という通常の遺伝プロセスとは異なる、個体間あるいは種間で遺伝子が移送されて遺伝する仕組みです。O－157のようにウイルスが遺伝子の運び屋となるケースもあれば、個体間で細胞が接合することでも水平伝播は起こります。

この遺伝子の水平伝播は自然現象ですが、現在の遺伝子組み換え技術では人工的に同じことができます。

例えば、O－157にコレラ菌やもっと危ない菌を組み入れ、生物兵器として最強の有毒バクテリアを作ることも不可能ではありません。遺伝子工学という技術は使い方ひとつでとても危険な技術になりうるのです。

＊

遺伝子工学は非常に進んだ、万能の科学と思う方もいらっしゃるかもしれませんが、実際は取り扱いには十分な注意が必要なデリケートなテクノロジーであると理解しなくてはなりません。

日本でも、遺伝子組み換え体や病原体の実験をするには、厳重に隔離された施設で、省庁にも報告が必要です。実験開始の許可のみならず実験が終わったら、すべての実験材料や器材は高圧滅菌しなければならないなど、厳しい制約が付けられています。

しかしながら、人間が考えるガードは脆《もろ》いもので、人為的なミスでいつなんどき、なにが起こるかわからない。自然災害大国日本では地震や台風、竜巻で施設自体が壊れるかもしれない。そもそも遺伝子組み換え体を扱う人間全員が善人とは限らない……いろいろな意味で遺伝子組み換え技術には未解決の課題が含まれていることは知る必要があります。

遺伝子だけによって人生が決まるわけではない

昨今、人の人生そのものが遺伝子によって支配されているとする万能論のような本や話題が耳目に触れることも多いかと思います。この論は頭の良し悪しや性格、寿命などは遺伝的変異であり、それぞれの形質を支配する遺伝子が存在することから「人間は所詮遺伝子の呪縛からは逃れられない」という発想からきたものと思います。たしかに人間の形質、特に顔立ちや身長などの表現形質には遺伝子の影響が強く現れます。

しかし、人の人生にとって遺伝子は決して万能というわけではありません。人間の成長過程には多くの環境要因が影響してきます。食べ物などの栄養条件、友人や恩師などの人間関係、小説や絵画などの芸術的要素などなど――人が一生のうちで経験し、出会う要素によって、身長や体重などの表現形質も変われば、性格すらも変わってきます。また自分自身の努力によっても、形質や性質は変化していきます。

＊

人間の形質に遺伝子が影響することは間違いありません。例えば、性格でも気が短い、好奇心が強いなどの気質はある程度遺伝的だといわれています。

ただし、それすら育てられ方、環境により、変容されるものです。人間の脳は複雑であり、経験で得られた知識や記憶によって自分のこれからの生き方を決めていくことができます。自分の意志で環境を選び、訓練でより良い方向に生き方を変えることができる。つまり人間は遺伝子の支配から自らを解放できる生物なのです。

そんな人間だからこそ、自然淘汰の原理を超えた、豊かな人間社会を作り上げる可能性が秘められているのです。

なにより人間はひとりで生きるわけではなく、社会の中でいろんな人と関わり合って生きています。他者と共存するコミュニティの中では、悪いところを補い、助け合い、生きていくわけです。ひとりではどうすることもできない問題を抱えていても、個人ではなく社会として、そうした問題を解決していく。それが人間社会の強みだと思うのです。

第4章

遺伝子優生論

優生学の裏に潜む危険思想

「優生学」という概念自体は古くからあったとされますが、具体的な科学的議論は1860年代に人類学者であり統計学者であったフランシス・ゴルトンが始めたとされます。

ゴルトンは、ダーウィンの進化論が記された「種の起源」に影響を受けて、人間の社会構造にダーウィニズムを適用することを考察しました。彼は1869年の著書『遺伝的天才』の中で、人間の才能は遺伝子によってほぼすべて決定されており、人間社会においても才能ある人間の「優秀な遺伝子」を選抜していくことで、より良い社会に発展していくと唱えたのです。

この理論は逆説的に社会的弱者=遺伝的に劣る人材は、社会の発展にとって障害であり、淘汰されるべきであるという考えに結びつくものでした。

近代に入ってこの「優生学」的理論は、さまざまな優生政策を生み出してきました。アメリカでは1907年から1923年まで32州において「断種法」が施行され、障害者や犯罪者が子どもを残せないように強制的に不妊手術を行うという政策がとられてきました。

ナチス・ドイツのヒトラー総統も熱心な優生学信奉者であり、「ドイツ民族=アーリア人こそが世界でもっとも優秀な民族」として、ユダヤ人を民族発展の障害と勝手に決めつけ、ユダヤ人の大量虐殺（ホロコースト）を強行しました。さらに健康で美形の若い男女を集めて強制的に結婚させることでドイツ民族の「品種改良」も試みました。

そして日本でも優生学的イデオロギーが強く反映された政策が行われてきたという暗い歴史がつい近年まで続いていました。それが１９４８年に制定された『優生保護法』でした。

この『優生保護法』の第一条には〝優生上の見地から不良な子孫の出生を防止するとともに、母性の生命健康を保護することを目的とする〟と書かれています。この「優生上の見地」こそが優生学的思想であり、医学上、身体的、精神的に平均＝健全な子どもと比較して外れ値となる子どもたちは、生まない方がいいと政府が勝手に決定したものです。そして、半ば強制的に断種手術（不妊化手術）や中絶手術が行われてきました。

この法律に基づき知的障害や精神障害のほか、ハンセン病患者も断種対象とされてきました。さらにこの法律は１９９６年まで施行されていました。実にごく近年まで「優生学思想」は日本社会の中で法律として息づいていたのです。

２０１８年、過去に旧優生保護法によって、本人の同意もなしに強制不妊手術を受けさせられたとして、被害患者たちが国に対して謝罪と補償を求める訴訟を起こしたことはみなさんの記憶にも新しいと思います。

人間社会にもともとはびこっていた「差別意識」や「差別制度」に進化遺伝学を無理やり当

てはめ、正当性を主張したのが優生学思想でした。「劣った人間や人種は排除されるべきだ」という思想に科学的理論が悪用されてしまったんですね。

＊

結果的には、進化論がなければ「優生学」のような科学を利用した差別はなかったかもしれません。優生学という人為淘汰の所作に法律を作るほどまでの根拠を与えた背景には「自然選択説」という考えが関与していることは否めないと思われます。

自然選択説というのは「環境に対する適応の優劣で、生き残る形質が決まる」というダーウィンの理論です。

今、地球上に生きているすべての生物は今日に続く環境に適応した形質を持っています。例えば、鼻の短いゾウや首の短いキリンは淘汰されてしまいます。最適値の形質から外れるものほど「不適」とされ、環境中から排除されます。適応・不適応は環境が決めることとなります。環境がいったん変われば、今まで不利だった形質も有利になることはあります。

大きなスケールで例を挙げれば、恐竜の時代は1億6500万年続きました。なぜなら恐竜にとって、温暖で、植物も大きく、体が大きいほど有利な環境がそれだけ長期間にわたって維持されていたからです。哺乳類は恐竜に大型動物としての生態ニッチ（生態的地位）、すなわち、エサや住処を占領され続けて、大きく進化する余地がありませんでした。

ところが地球に小惑星が衝突し、急激な気候変動によって地球全体の温度が下がるという環境の変化により、植生も大きく変化したことで、生態系における立場が逆転しました。恐竜の大部分はそれまでの最大の武器であった体の大きさがアダとなって、エサ不足に困窮して滅ぶこととなり、一方哺乳類は小さな体であったことが功を奏して、わずかなエサでも生き残ることができました。緯度によって寒暖の差が著しくなり、地域によって四季も生じるといった、空間的にも時間的にも変動幅が大きくなった地球環境においては、それまでの安定環境に長らく特化してしまった恐竜たちは、進化が追いつかず、適応に失敗してどんどん数を減らし、一方で原始的な形質のまま、進化から取り残されていた哺乳類は一斉に進化を始めて、新しい環境にどんどん適応していくことができました。変動の激しい環境においては、卵生よりも胎生の方が有利になり、哺乳類が生態系に占める割合はますます増えていきました。そして陸域のみならず、海域も含めて地球上のさまざまな環境に進出を果たし、哺乳類の多様性はどんどん高まり、そしてわれわれ人間の登場まで進化を果たしました。人間からしてみれば、まさに隕石さまさまです。隕石の衝突がなければ永遠に恐竜の時代が続いていたかもしれず、私たち人間も誕生しえなかったかもしれないのです。

ちなみに恐竜も完全に滅んだわけではありません。恐竜の中で羽毛を持つものが小型・軽量

絶滅
恐竜
小惑星衝突!!
鳥類
羽毛を持つ恐竜
環境激変
哺乳類

へ進化して誕生したのが現存する鳥類です。つまり、今われわれが日常的に目にしているスズメもカラスもニワトリもすべて「恐竜の子孫」なのです。

優生学を人間社会に当てはめてはいけない

野生動物の世界では、優生学の理論のベースとなっている自然淘汰は、起こるべくして起こる自然現象です。病気がちな個体はすぐ死に、弱い遺伝子は集団中からなくなってしまいます。自然環境では、常に環境に適した個体が生き残るシステムが働いているのです。

しかし、その自然世界での優生学的理屈を人間に当てはめると歪みが出てきます。特に集団遺伝学の一部で、倫理的な問題が起こっています。

集団遺伝学とは、集団内および集団間で遺伝子がどのように挙動するかを調べる学問です。遺伝子は、形質の環境中における優位性や、集団中の個体数によって、遺伝子発現の頻度が左右されます。環境に適応した優位な遺伝子であれば、その遺伝子を持つ個体が生き残る確率が高まり、その子孫の割合も高まることから、集団中に急速に広まることになります。

集団遺伝学はそれぞれの遺伝子を持つ個体が生き残る確率、子孫を残す数などを計算に入れて、遺伝子が集団中に広がる速度や確率を求める科学です。

例えば、ある環境でA遺伝子を持っていたら、2匹しか子どもを生めず、別のB遺伝子だと10匹生めるとすれば、最終的に少数の子孫しか残せないA遺伝子が少数派になっていく。

それを数学で表すのです。世代を重ねるにつれ環境に不利な遺伝子が減っていきます。このデータこそが自然淘汰による遺伝子頻度の推移、すなわち遺伝子の運命です。

集団遺伝学では、優生学的なものを提唱しているわけではないのですが、集団遺伝という数学的な概念の中で自然淘汰がどういう働きをするのかというのを考えていくと「有害な遺伝子は本来減るべき運命にあるはずなのに、この有害遺伝子をいつまでも持っておくということは自然の理論に反した行為であり、社会にとっても人間にとってもいいことではない」というロジックにつながってしまうおそれがあります。

その論理を推し進めると「人間の場合、社会保障のおかげで、弱い人間が生き残り、子孫を作るので、弱い遺伝子が残り続ける。本来は排除されるべき遺伝子がいつまでも社会から消えない。そうなると有害な遺伝子が蓄積し、人間社会が崩壊してしまうのではないか」という極端な考え方も出てきます。

これは、進化学を提唱したダーウィンにも、集団遺伝学の学者にも罪があるわけではありません。

進化論も集団遺伝学も直接的に「優生学」にからめて理論が示されているわけではありませ

んが、教科書でこれらの理論を読んだ学生たちの中には、優生学の理屈を信じてしまう人がいるかもしれません。有害遺伝子の淘汰は学問的には正しいのですが、それをそのまま人間社会の構造理論に当てはめることは、恣意的であり、短絡な行為につながりかねません。

人間は自然淘汰に逆らい、助け合うことで生き残った

自然淘汰に基づく優生理論は人間が野生動物のように生きる種であったなら科学的に妥当といえます。でも、人間は社会を作り、動物的な生き方ではなく、文化的な生き方をするわけです。そうした文明社会の中で、私たちは恋愛や芸術、食事の豊かさを楽しめるのです。その豊かさを生み出すのが多様な遺伝子であり、多様なセンスなのです。

人間社会は動物社会とはまったく違う形で洗練されていくので、そこにはいろいろな遺伝子を持った人が必要です。それを動物学的な機能だけで、排除していくと人間社会にとって肝心な遺伝子が失われるかもしれない。それは人間の未来にとって大きな損失といえます。

そもそも人間は厳しい自然淘汰に逆らって、弱い者同士が助け合うことで生き残ってきました。「よりそい」や「利他行動」で支えられる社会を作ったからこそ、自然環境の中で繁栄できたのです。野生動物社会とは一線を画したヒューマニティーこそが安心・安全で豊かな人間

社会を維持してきたのです。

優生学は動物学的に正しくても、人間社会では大きな過ちをもたらします。なにが優れて、なにが劣っているかは時代によって変わると思います。今だと計算ができたり、料理を上手にこなせる、といった器用さが素晴らしい遺伝子になります。ただ、昔は、狩りができて、足が速いといった運動能力が、良い遺伝子となりました。今は、足が遅くても、車に乗ればすみますからね（笑）。

良いか悪いかは、人間の都合で決まる勝手な価値観です。それで「生ませる生ませない」なんていうのは人間が勝手に決めることではない。自然の摂理と人間のエゴを混同してはいけません。

優生学に関しては理論が先走り、権力者が政治的に科学を利用した悪い例といえます。今でこそ、多くの国では人権や女性の権利が認められ、マイノリティの声をすくい上げる社会的な成熟が求められています。

そんな現代社会においても未だ根強い差別意識は残っており、過去において、この差別意識を助長するために優生学が使われてきたという暗い歴史があります。科学リテラシーあるいは倫理的リテラシーが追いつかなかった時代の悲劇ともいえます。

「差別」という人間の負の遺産の背後に科学的理論である「進化論」が悪用されたという歴史

的事実は現代に生きる私たちにとっても忘れてはならないことであり、教訓とすべき事例でもあると思います。

「奇人・変人」を排除すべきではない

「優生学」は、本当に難しくデリケートな問題です。正直、自分と同じ生物学の研究者間でもこの問題について、「障害児が生まれる、もしくは障害児がいる家系であるとわかっているなら、生むべきでない」と主張する人も少なからず含まれます。

たしかに、現状の日本社会では、実生活に苦労も多いし、社会保障に税金を使わなくてはならない。経済的にはマイナスの要因と考える人も少なくないはずです。

しかし、もし障害者にマイナス要因としての線引きをするのであれば、いったい誰がその線引きをするのでしょうか？　そして、どこまでをマイナスの許容範囲とするのでしょうか？　果たして、そこに基準は存在するのでしょうか？

逆に考えれば、「まともな人間ってなに」という設問に答えはあるのでしょうか？

みんな自分が正常だと思っているかもしれないけれど、それぞれに個性があり、その個性に対してお互いに「変だ」と思い合っていることがほとんどです。「相手がなにを考えているかわからない」「なぜそんな考えになるのか理解できない」と思ってしまうことはたびたび起こることだと思います。言葉に出さずともお互いに考えが伝わるぐらい気が合う相手など滅多に出てこないし、仮にいたとしてもどこかしら齟齬《そご》は必ず生じます。一卵性双生児のように遺伝子が同一で、育った環境が似通っていたとしても、やはり異なった個性を持ちます。誰でも人それぞれ価値観や感覚は違います。実はこの当たり前の「異質性」が、「変な奴」の正体なのです。

そう考えると「正常」の基準とはなんなのかには答えがないことがわかります。

私も含め、みなさん、自分は正常と思っていても人から見ればどこかしら異常なのです。正確な表現をするなら、人それぞれの形質ごとに数値をとってグラフに表すと、平均値周辺に多くの人が集まるのでまとまっているように見えるけど、本来はみんなそれぞれになにかの形質では外れているわけです。しかもその平均値も地域や環境によって変わります。

髪の色ひとつとっても、日本ではほとんど黒など濃い色が基本であり平均値となりますが、諸外国に行けば、金髪が平均値となる国があります。また時代によっても平均値は変わってきます。平安時代はお歯黒を塗るのがオシャレのスタンダードとされましたが、現代でそんな真似をすれば「変態」と思われることでしょう。結局、正常・異常ということに絶対的な正解があるわけではないのです。

＊

この本のテーマのひとつは「多様性」です。多様であることは次の進化への糧《かて》を意味します。この先、この環境がずっと安定するかはわかりません。天変地異があるかもしれないし、文化や社会もどのように発展するかわからない。

だからいろんな才能や個性があった方が社会の適応力を高める上でいい。

実際、これまで芸術を作ってきた人たちは、一般的に「変わった人」が多いとされます。世にいう天才は変人・奇人であったという伝説や逸話はよく聞く話です。

奇人・変人もいい方を変えれば「異彩」を放つ人物です。もし、その「異彩」を凡人の常識で「変人」と線引きしてしまったら、この世の中は科学・芸術・文化の発達が停滞してしまい、とてもつまらなくなってしまうことでしょう。人間はすべてどんな才能があるかわからない。常識というある意味短絡的な線引きで、「奇人・変人」を排除してしまうことは、人間らしさを失うことです。

例えば、多くの現代人はすでにメガネをかけています。近眼は遺伝するともいわれ、生物学的には「目が悪い」という遺伝子は有害なはずなので、排除されなければいけなくなります。

「目が悪い」というハンディがあっても、それぞれ人間はそれ以上にさまざまな才能や能力を持っており、社会や文化に貢献することができるからこそ、人間社会でその存在が尊重されます。

社会の中で「自分はまともな人間だ」と思い込むことは傲慢です。

生物学的には人間という生物は生きている時点で奇形生物ともいえるのです。なぜなら人間は、野生の霊長類に比較して極めて華奢で、裸の二足歩行をする頭でっかちの、実に「へんてこな動物」です。たいして速く走れるわけでなく、力も強くない。泳がせても何キロも泳げるわけではない。生物学的に見て極めて欠陥品である人間が生きてこられたのは、助け合いと知識、経験の積み重ねがあったからこそです。

優生論で人間を排除するならば、人間の特徴である「助け合いの社会を維持する動物」ではいられなくなるし、それこそ人間が持つ〝心〟がなくなります。

生物学者として私が思う人間らしさ＝人間という種の特性は、ありとあらゆる個性を認めて、社会にその才能を反映させ、豊かな文化を作り上げることなんじゃないかと思います。この特性こそが、脆弱な裸の猿である人間が地球上で生き残って、今や生態系の最上位に君臨するまでに繁栄できた唯一の理由ではないかと私は考えます。

第5章

生物の多様性

生物多様性があるから人間社会はここまで発展できた

この章では、私が本務として研究している「生物多様性」の話をしていきましょう。

生物多様性という言葉ができたのは、1980年代です。E・O・ウィルソンを始めとするアメリカの学者たちが「biological diversity」もしくは「biodiversity」という概念を提唱し、それを直訳した言葉が生物多様性です。従来の自然保護の枠組みをさらに科学的・体系的に捉えて、「遺伝子、種、および生態系の多様性を重視して保全し、生物・生態系との共生を図ろう」という考えになります。

国際的にこの言葉が定着したのは、1992年、ブラジル・リオデジャネイロで行われた「国連環境開発会議」(地球サミット)が始まりでした。ここで、「気候変動枠組条約」、いわゆる地球温暖化防止のための条約、それに「生物多様性条約」というふたつの重要な国際条約が194の国と地域で結ばれ、生物多様性という環境問題が注目を集めるようになりました。

でも、おそらく読者のみなさんも、生物多様性という言葉を聞いたことはあっても、その意味や意義はよくわからないという人が大半だと思います。

まず、われわれが生きているこの環境を支えているのが生物多様性なのだということを理解してもらいたいです。いろいろな生物がいて、それぞれの種がいろいろな機能を持っています。それらの生物が集まって作られる生態系から人間は水、空気、食料などの恵みをもらって、生きているのです。

つまり生物多様性とは人間が生きていく上で必須の環境要素なのです。それゆえに現存する生物たちがこの地球上から姿を消していってしまう――つまり生物の絶滅は、人間にとっても死活問題となります。生物多様性の劣化は人類存続に関わる重大な問題なのです。

＊

生物多様性をもう少し詳しく見てみましょう。

生物多様性の起源は遺伝子の多様性にあります。これまでにも解説してきた生物進化のプロセスを考えれば、遺伝子の多様性が種の多様性を生み出していることがわかります。そして種が集まることで生態系というシステムが構築されますが、この生態系にも多様性があります。すなわち森には森の生物種が集まって森の生態系を形成し、川には川の生物種が集まって川の生態系を作ります。

さらに地球上にはいろんな地形、気候があり、そうした環境に適応した独自の生態系が構築されることで独特の景観を生み出します。これが景観の多様性です。このように生物多様性とは遺伝子というミクロなレベルから景観という大きなスケールに至るまで、生物が織りなす多様な世界を総称する概念となります。

これらの多様性を生み出すバックグラウンドは、地域ごとに異なります。地域固有の環境が地域固有の遺伝子を育み、種を誕生させ、固有の種によって固有の生態系が構成されます。それらがセットになることで独特の景観が作り出されるのです。地球上にあるローカルな環境の異質性がいろいろな生物を展開させ、生物多様性を作り出しています。

そしてこのさまざまな生態系がそれぞれ独自の機能を発揮し、水、空気、食べ物が持続的に供給される生物圏が形成されています。人間も一生物種としてこの生物圏の中で生かされています。生物圏を維持している生物多様性がないと、人間は食べることも飲むことも息をすることもできません。いろいろな生物がいること、つまり生物的資材があり、機能しているから、人間もほかの生物も安定した生活基盤を得ることができるのです。

同時に私たち人間は、さまざまな景観や生物からインスピレーションを得て、社会や文化の多様性も生み出してきました。砂漠の文化、北極圏の文化、南洋の文化など、地域ごとに多様な文化がありますね。それらは人間と自然との付き合いから生み出されてきたものです。

日本人も日本列島という環境の中で、独自の文化を発達させてきました。今、この日本独自の文化は、国際交流の中で高く評価されています。無形文化遺産に代表される伝統的な文化の

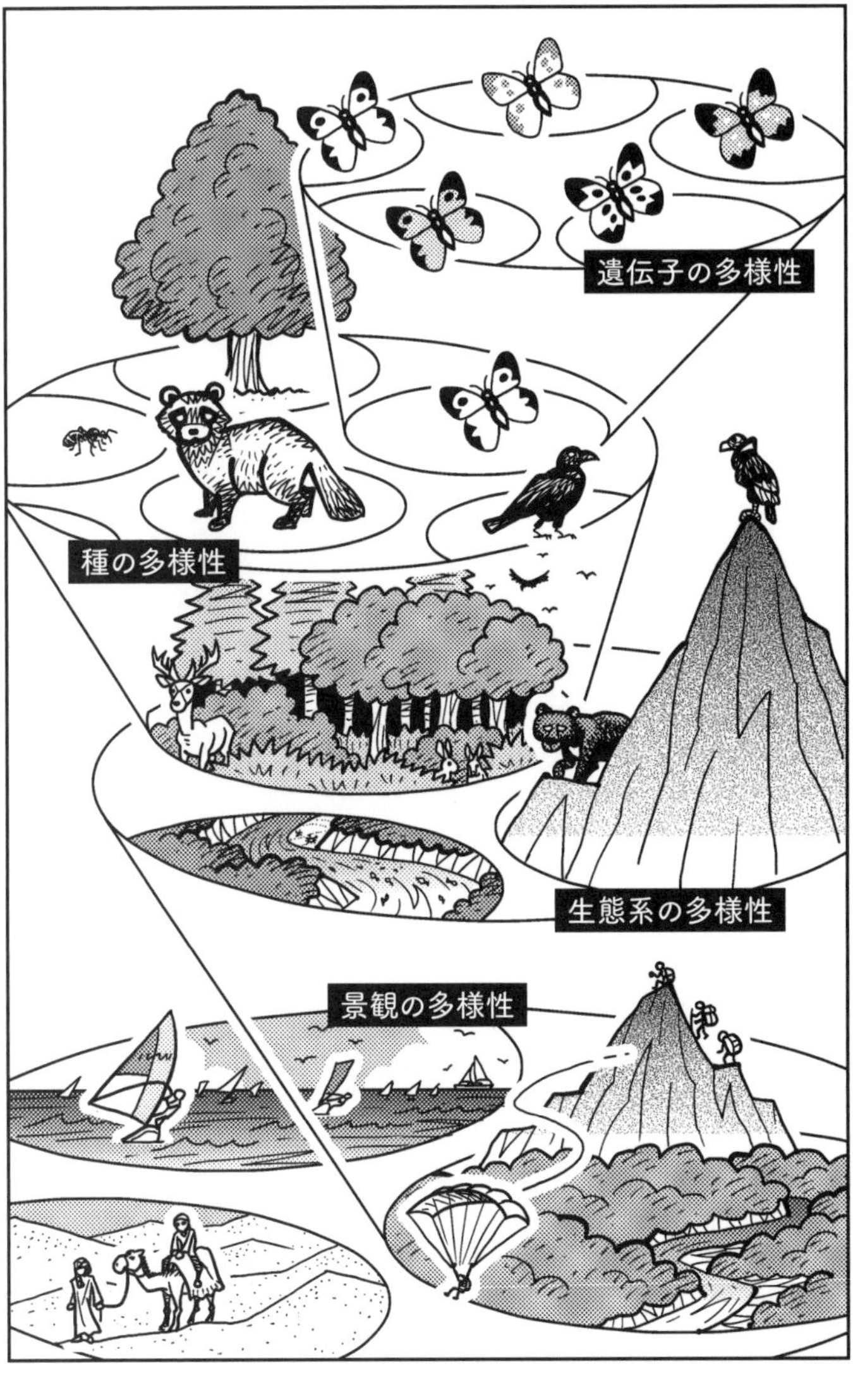
遺伝子の多様性
種の多様性
生態系の多様性
景観の多様性

みならず、ピコ太郎の『ペンパイナッポーアッポーペン（ＰＰＡＰ）』がYouTubeで1億回以上再生されたり、同じくお笑い芸人の北野武さんが作る映画がカンヌ国際映画祭で高く評価されたり、日本のアニメが世界的なブームになったり、最近では渋谷のハロウィン仮装行列に外国人が大挙して参加したりするなど、日本が創造する新たなる文化にも世界の注目が集まっています。こうした日本の文化は日本という環境、生態系、景観に根ざした日本人独特の感性が生み出してきた個性といえるのです。

生物がいるからこそ、そして、生物多様性があるからこそ人間社会はこれだけ発展することができたのです。生物多様性は人間にはなくてはならない生活基盤であり、社会基盤でもあるのです。

かつてないペースで生物種が消える大絶滅時代

生物は今わかっているだけで、１９０万種いるとされます。未知の種を含めれば、この地球上には１０００万種いるとも1億種いるともいわれています。

ただ、種というものの数え方も実は難しいのです。もともと種を分ける基準は、体の形質の違いだったのですが、最近だとＤＮＡの配列の違いも考慮するようになり、形はとても似ていても別種に分けられるケースもあります。どこまで区別すればいいのか、種の区分については、生物学者でも議論がつきない問題となっています。種という概念は人間にとって、生物をタグ付けするためのもので、科学的な基準はとりようによっていくらでもできることになります。

現時点で地球上に生息する種の数は正確にはわかってはいないのですが、現在、さまざまな生物種が急速に姿を消していて、その大部分が人間活動に起因するものであることが環境問題のひとつとなっています。この現象が人間にとって「たいしたことない」ことなのか「とても危ない」ことなのかすら、現状はわかっていません。生態系という巨大なシステムで、次々と生物種を消しているさまは、例えるなら『黒ひげ危機一発』というヒゲの船長が頭だけを樽から出したゲームで、ブスブスと剣を刺している状態だといえばいいかもしれません。

今は大丈夫でも、キーストーン種（中枢種）が滅べば、ドカーンと多くの種の絶滅につながるのかもしれない。どれか1種滅ぼすだけで、周りに狂いが生じてくる場合があるかもしれない。われわれが生態系のすべてをわかっていて壊しているのであれば多少なりともリスクの予測は可能ですが、現状は盲目的に破壊しているような状態で、崩壊の予測ができないというリスキーな状態にあります。

わかりやすい例を挙げましょう。ある湖の外来種の話になりますが、アフリカ原産の淡水魚で、最大体長2メートルにもなるナイルパーチという肉食魚がいます。この魚を漁業目的で、湖に放り込んだら、その湖に生息していた固有の魚類を食べ尽くしてしまいました。近くに住む漁民は増えたナイルパーチを漁獲して売ることで経済的に潤いますが、魚を輸出用に加工するための燃料として、周りの森林を伐採します。すると、森が荒れて赤土が湖に流出してしまいます。最後は、死の湖になってナイルパーチも獲れなくなってしまいました……。これは、アフリカにある古代湖のビクトリア湖で起こった実話です。たった1種の外来種の導入によって生態系と人間社会のシステムが崩壊したという悲劇的実例です。

生態系は、ある程度系がつながっていると復元力が強いのですが、湖や島など、周辺の生態系とつながっていない生態系は簡単に崩壊します。ある種を引き抜くと、全部がすぐに壊れてしまうのです。

ひとつの生態系の崩壊を地球全体で見たときにはどうなるのでしょうか？　地球というシステムは大きいですから1種、2種絶滅することはたいしたことではありません。ただ、地域的な生態系の崩壊が連続すれば、将来的に地球全体のシステムにどれぐらいの影響を与えるかは予想がつきません。

自然は深く、広大で、断片的なことならともかく全体を把握するのは大変です。しかも、すべては結果論でしかないですから、あらゆる現象をひとつの科学的法則で説明することは極めて困難です。個々の生命現象はまさに一期一会です。

地域によって種の重みも変わってくるし、時間的にも空間的にもどんどん変異していくので、人間の生命に対する知識が追いつく間もなく、生物・生態系は流転します。そして、知らないうちに種や集団が滅び、生態系が狂ってしまう。

人間が追える生物や生命に対する知識はまだまだ未熟で、もっと探求の場が必要です。それを調査する前から滅ぼしているようでは、どうしようもありません。せめてもう少し理解するために、自然には自然のままでいてもらわないと困るのです。

＊

もちろん人間がいるいないにかかわらず、この地球上では過去から現在に至るまで滅ぶ種もいれば、新しく誕生する種がいました。環境の変化に伴い、それまでに栄えていた種が適応できずに絶滅し、より環境に適応した新しい種がその地位を奪う、という種の新旧交代が繰り返されてきました。その繰り返しのタイムスパンは千年、万年の単位となります。つまり自然の状態でも1万年ぐらいで種は滅びることは普通にあるのです。

しかし、今の人間は、ものスゴい勢いで種を絶滅させているといわれています。その速度が自然の絶滅よりもはるかに速いことが問題とされています。

この急激な絶滅の加速をもたらした最大の要因は人間が化石燃料を手に入れたことによりま

す。

例えば、人間が木を切る行為ひとつとっても、木こりが斧を使って人力で切るなら、その速度にも限界があります。それをチェーンソーやブルドーザーのような機械や重機でバリバリと大量に切る時代に入って、森林破壊の速度は格段に上昇しました。さらに外来種も汽船や飛行機が登場したことで運ばれる量と速度と距離が飛躍的に大きなものになりました。化石燃料を使うことで、人間は人間以上のパワーを発揮できるようになりました。

どんな生物でも環境や、ほかの生物に影響を与えて生きています。しかし、その影響はあくまでもその生物が本来持っている能力の範囲で生じるものであり、生物としてありえない能力が化石燃料によってもたらされた人間による自然環境への影響は、これまでの生物進化の歴史の中では起こりえないほど大きいものとなってしまったのです。

＊

環境省が編纂する『レッドデータブック』や市販の『レッドデータアニマルズ』など、絶滅に瀕する生物たちのリストを見て、これらの生物たちを守らなくてはならないと多くの人が感じるはずです。

ただ、希少種、危惧種を守ること自体は目的ではなく、自然環境を保全するためのプロセスにすぎないことは理解しておく必要があります。絶滅に瀕する生物が生き残れさえすればいいという話ではないのです。絶滅危惧種を施設で増やすことが生物多様性保全ではありません。その動物を守るためにはどういう生息環境が必要かを考え、環境を復元する、修復するということが結果的に生物多様性と生態系を保全することにつながります。

絶滅の危機にあるトキでいうと、トキが生息することができる環境を整えることができれば、かつての日本の自然を取り戻すことができたことになります。トキという生物が環境修復の指標となるわけです。中国産のトキを守ることが目的ではなく、トキが住める、多様性豊かな自然を取り戻すことが目的となるのです。それが、いつの間にかトキが自然繁殖しているか、いないかだけに関心が集中してしまって、挙句、環境省もレッドデータブックの中で、トキのカテゴリーを「野生絶滅」から「絶滅危惧類」にランクダウンして、多方面からツッコミを受けていましたね。

＊

かつての環境や生態系を取り戻す入口としてレッドデータはいいと思います。「ある生物が環境変化で激減した。その種が今置かれている状況や原因を考える」。そうしたプロセスが環境科学につながります。

環境の変化は知っておくべきです。将来、自分たちが住む環境を議論するときがきます。そのときに知識がないと始まりません。

増える種と減る種〜スーパーラットとゴキブリの都市化

自然環境が破壊されることで滅ぶ種がいる一方で、都市化によって増える種もあります。例えば、都会のクマネズミは、スーパーラットと呼ばれ、ワナにかかりにくく、毒エサも効かない系統が増えています。都市環境に適応したネズミです。このような都市化型害獣はこれからも次々と現れてくるでしょう。

都市化型害虫の最たるものは、ゴキブリです。

クロゴキブリやチャバネゴキブリといった南方産の外来ゴキブリたちにとって都市環境は極楽です。今や北海道にまで住み着くほど、人間が彼らの住みやすい環境を与えています。一方で日本産のヤマトゴキブリはかつては里山の古い日本家屋に出入りしていましたが、都市化の波にはついていけず、今では雑木林の中でひっそりと生きています。

人里で適応してきた動物が都市化の波で減った例にはスズメがいます。もともとアジアの平原で進化してきた鳥です。稲作文化が日本に導入されたことに伴って、後を追ってスズメも日本にも入ってきたとされます。弥生時代ぐらいには日本にきていた人為的な史前帰化種とされています。スズメは人間が里山を作り、稲を作る環境、つまり人の営みがある空間に適応した動物だったのです。巣の材料になる茅葺きの家もなくなり、耕作放棄地も増加することでスズメにとっての従来の生活環境が失われてしまい、スズメもその数が減ってしまったといわれています。

＊

環境変化によって昆虫も減少しています。例えば、日本人に身近なクワガタムシでは、ミヤマクワガタが心配です。ミヤマとは深い山と書き、朝もやの立つような山の中の原生林でしか生きていけません。でも、現在日本の山林は道路建設によって分断化が激しく林内の乾燥が進行しているのではないかと想像されます。

もともと山奥でしかその姿を拝めなかったミヤマクワガタは、今ではいっそう貴重な種となっています。私も子どものころ、富山からわざわざ長野まで捕りにいったものです。

同じくオオクワガタは薪炭林に大きく依存している代表的な種のため、薪や炭を使わなくなった現在は、薪炭林の劣化が進んだことで、大変希少価値を持つ種となっていますが、さらなる急速な劣化によっていっそうその減少が心配されています。一方で、この種については今では飼育技術が確立されており、日本中の熱心な愛好家たちによって日本各地の系統が大切に累代飼育されています。いわば、飼育ケースが箱船となってその遺伝子の多様性が保存されていることになります。

一方、ミヤマクワガタについては飼育が難しく、オオクワガタのように系統保存が広く行われている状態にはないため、将来、日本からその生きている姿が消えてしまうのではないかと心配されます。

木造建築こそが究極のリサイクルだった

これから私たち人間はどのように環境と向き合っていけばいいのでしょうか？

これまでにも書いてきた通り、人間は脆弱な動物であり、お互いに助け合い、コミュニティを作り、自然環境に立ち向かい、自然を改変することで生き延びることができた生物集団です。自然の改変をやめて自然の流れに身を任せる野生動物のような生き方をすれば、ほかの生物たちになんの悪影響も与えずに済むでしょうが、そんな生き方をすれば人間はあっという間に自然と野生生物の攻撃を受けて、簡単に淘汰されてしまうことでしょう。

しかし、開発なくして人間の生活は成立しえないとしても、開発のやり方ひとつで自然環境や野生生物との共生は可能なはずです。

例えば、日本の建築物は古くから木造が主流となっていますが、この建築様式こそが日本の環境にはベストマッチングだったと思われます。雨が多く、湿度も高く、さらには地震も多いわが国において、木造建築は腐りやすく、また揺れにも弱いイメージですが、実際には湿気にも地震の揺れにも強い建築様式とされます。

事実、日本各地に建てられた木造の神社・仏閣が数百年を経ても残存している事実がそのことを物語っています。

木造住宅が湿気に強い理由は木材そのものの「調湿効果」にあります。つまり、湿気を吸収しては吐き出すという「調整」機能が木材に備わっているのです。もちろん湿度が高すぎて、木材の調湿機能を超えれば、木材は湿度に負けて腐食を始めます。だから、古い日本の木造建造物は床下換気や、建物全体に空気の通り道を作るなど、湿度の高まりを抑える工夫もなされているのです。

さらに地震の揺れに対しても木造建築は剛性があります。

まず、木造は鉄筋やコンクリート建造物に比して、軽いため地面からの振動エネルギーによる揺れが小さくてすみます。また木材は弾性にも優れ、同じ重さでの材料の強度を比較すると、圧縮に対する強さは鉄の約2倍、コンクリートの約9・5倍、引っ張りに対する強さは鉄の約

4倍、コンクリートの225倍もあるとされます。鉄やコンクリートは、形を維持する剛性に優れていても、限界以上の曲げの力が加わると突然崩壊しますが、木材は曲げの力に対して弾性があり、また同じ状態に復元する力があります。地震などの大きな力を受けたときも、ある程度変形しながらそのエネルギーを逃すという性能があるのです。

このように、実は湿気が多く、地震や台風などの気象災害が多い日本の環境にもっとも適応した建築様式として木造建築が進化してきたと考えられます。

もちろん、その強度以上の嵐や地震が来れば、木造住宅といえどもあっけなく崩壊します。しかし、欧米の石造りや現代の鉄筋コンクリートよりも重量が軽いので、倒壊した建造物の撤去や焼却が相対的に容易であり、材木さえあれば、また再建築が可能となります。

焼却できる、といえば木造の最大の弱点は火災です。江戸の街も何度となく大火に見舞われ、その都度大きな被害が出たとされますが、木造であるがゆえに延焼を防ぐための倒壊も容易であり、また廃墟の撤去、再建もやはりスムーズに行えたと考えられます。なによりも素材が木材という有機物であることは、自然界・生態系において分解と物質循環というサイクルシステムに組み込むことが可能な究極のリサイクル用品であったともいえます。

里山という生活様式、木造という住宅様式、農林水産業を基本とした経済様式など、かつての日本社会は持続可能なシステムの中で発展してきました。

しかしながら、現代に入って日本はすっかり輸入資源に依存した資源消費国家となってしまいました。

生活様式も住宅様式も経済様式も、資源消費のフローの上に浮いているだけで、再生産性や持続性が極めて低下してしまいました。産業の中心が商工業へとシフトし、生産効率と消費効率の高い都市部へと人口が集中するようになり、農林水産業を主体とした地方からは、若年層の流出が続きました。

その結果、地方の過疎化が進み、手を入れるべき自然が放置されるようになりました。山林や耕作放棄地は荒れ果て、生物多様性は劣化し、シカやイノシシばかりが異常に増える温床となっています。一方、都市部では水や大気が汚染され、大量のエネルギー消費が温暖化を進行させています。

かつては里山が生物多様性を支えていた

「地方の過疎化によって、自然の開発が停止する」

そのことが生物多様性の劣化を招くという話は、多くの人にはピンとこないかもしれません。

人間がいなくなった方が自然は豊かであり、生物多様性も高くなるのではないのか？　そう思われる方もいると思います。たしかに人間がいなければ自然のままの生物多様性が、そこに維持されますが、そこでは人間社会を維持することは難しくなります。

人間社会と生物多様性の関わりの中では必ずしも開発＝悪とはなりません。日本の場合、本来の手付かずの自然環境は、ブナやタブノキなどの陰樹（光に対する要求性が比較的低い樹木）で構成される極相林に覆われ、暗い森になってしまい脆弱な人間が生活の場とするには、厳しい自然環境となります。

生物多様性との共生で目指すものは手付かずの自然ではなく、人間が生きていける空間作りです。日本人は、古くから森を利用してきました。やがて森を加工し、水田や畑などの農耕地や居住のための開放空間を確保するようになり、その周りに自らの手で森を作り、奥山（自然林）、雑木林、里地という異なる生態系がつながりを持つ里山を作り上げてきました。

この生態系の空間的異質性がさまざまな動植物の生息空間を提供しました。人間自身はそれらの動植物が生産する資源や生態系機能を享受して生活を維持してきたのです。

例えば、古くは縄文時代から、日本人たちは森でドングリを食料として採取し、木を伐採して薪とし、一部では、栽培種のクリやウルシを植えて利用していたと考えられています。

里山が発達してくると、雑木林に生えているアカマツは、建材に利用されるほか、枝低木は燃料に、さらにその灰は田畑の肥料に利用されていました。クヌギやナラなどの落葉樹も10年から20年ごとに切りやすい低い高さで伐採し、薪や木炭に利用して、落ち葉は掻き集めて堆肥にしました。雑木林の林床や林縁で採れる木の実やキノコ、山菜、野草は、季節の旬を味わう食料にもなりました。そして奥山からたまに里山へと降りてくるシカやイノシシ、クマなどは、貴重なタンパク源として利用されていたのです。

このように、日本人は自然に手を加え、それを持続的に管理することで、自然との共生社会を完成させて、実に縄文の時代から1万年もの間、この狭い島国の中だけで完結して生きてきたとされます。

そんな自然共生社会としての里山が、今では都市開発の裏側で放置・放棄され、劣化が進んでいます。

人間の管理の手を離れた耕作地は、元の生態系に復元されるのではなく、外来種の雑草が入り込んで繁茂し、また、雑木林も長期間放置された結果、樹高の高い巨木が占拠し、林床には耐陰性の常緑樹種やササ類が茂っています。このような状態ではカタクリなどの林床植物や草花に訪れる昆虫類、そのほかの小動物が生息できず、生物多様性は劣化することになります。

さらに、人間が住む里地と野生動物が住む奥山の間に位置する「バッファー・ゾーン」であった里山が放置されることで、シカやイノシシなどが平野部にまで進出してくる機会が増加し、農業被害や人間を襲うなどの被害が続出するようになりました。このまま里山の過疎化と放棄が進めば、人間社会が野生動物の襲来に圧迫されるのではないかと危惧されています。

今後、経済成長が見込めない日本は鎖国するしかない!?

かつての日本のように持続的自然共生社会を取り戻すためには、かなり大掛かりなパラダイムシフトが求められます。「今更、鎖国か!?」などという議論は非現実的にも思えますが、悲観的でもあり、楽観的でもある考え方をすれば、否が応でもそう遠くない将来、日本は鎖国に近い状態に陥るかもしれません。

今後も世界の経済発展は続きます。今は南北格差で資源と経済のフローも維持されており、日本は経済先進国として海外からの資源輸入と工業製品輸出で国際経済の恩恵を受けています。しかし、いずれ製品の販売先となる市場は飽和することになります。まずは中国の経済が成熟するにつれて市場の拡大が見込めなくなり、次はインド、アフリカ諸国へと経済発展の波が広がり、世界中の国々が経済発展国へと成長していくであろうと予測されます。そうなれば日本円で世界からなんでも買えるという時代ではなくなり、われわれ日本は、海外資源依存の国から、単なる資源貧国へと転じることになります。

そうなると日本の経済は今までのような成長を今後望むことができなくなってしまうかもし

れません。かつて経済後進国だった日本が急成長して世界有数の経済大国へと成長したように、これまで発展途上国だった国々も経済成長を遂げて、いずれ日本を追い抜く国も続出してきます。

しかも、非常に困ったことに日本は資源に乏しい島国ですから、海外からの資源輸入が減少すれば必然的に資源循環型の社会を形成するしかありません。食料やエネルギーも自前で確保する、そんな自給自足経済を今から目指しておく必要があります。

環境のために個人ができることは「地産地消」

生物多様性につながる話ですので、将来の日本の地域性についても考えてみたいと思います。現在、政府の政策で唱えられている「地方再生」は、持続的社会実現のカギとなります。いかにして地域経済を活性化して、かつての日本のように地域に人を定着させるか。

江戸時代は藩政という強力な地方統治力と、移送能力の限界によって、生物の地域個体群同様に、隔離された「地域社会」が成立していました。しかし、そんな隔絶された社会では、地方ほど情報や物資が届きにくくなり、当然、若い人たちが住みたくなる環境とは程遠くなります。そもそも、今の過疎化もそうした地域格差が引き金になって続いてきたことですから。

しかし、今はインターネットという強力な情報通信ツールがあります。ＩＴ技術の革新的進歩によりすでに医療の診断や治療も遠隔で操作可能な時代に入っています。

地方で生活することの不便や不安は解消されるのです。新幹線や高速道路、航空路など、物理的な移動・流通のためのインフラはこれまで地方から首都圏へと人材および資材を送り込むパイプとしての役割がメインでしたが、これからはその流れを逆にしなくてはなりません。地方から物を送るのではなく、地方に人を呼び寄せる。地方ごとにそこでしか味わえない、あるいは見ることができないような産物・商品・景観を作り出し、どんどん地方に客を呼び込む牽引力を高める。

特に最近は、海外からの旅行客によるインバウンドの経済効果が注目されており、地方再生の好機でもあります。

インターネットによる情報の普及で、旅行客たちも日本通になってきており、かつてのような爆買いや古都観光というスタンダードな観光旅行ではなく、日本にしかない風景、日本の日常的な生活といった「日本らしさ」を求める旅に憧れる外国人たちが増えているといいます。

それこそ、思い切って、日本中をかつての江戸時代の風景に戻して「日本全国大江戸村」みたいな一大レジャーランドにしてみたらどうでしょうか。東海道五十三次も復活させ、江戸時代の宿場町風景を再現して、みんなで着物を着て客をもてなし、移動は馬か駕籠、通信は飛脚、夜には忍者を走らせる――アメリカのSF映画『ウエストワールド』の日本版『江戸ワールド』といったところでしょう。こんな世界が日本中に広がれば、外国人に大ウケすることは間違いないでしょう。

古式ゆかしい日本に高いニーズがあることを考えれば、もう少し日本人も楽に生きられるのかもしれません。

工業国としてのトップランナーだったこの国も、後発の国々にどんどん追いつかれ、追い越され始めています。

資源ゼロのこの国が今後、世界で持続的に発展していくためには、日本にしか存在しない「固有性」や「文化的価値」で世界を惹きつけていくことがひとつの戦略になると考えます。

ローカリティこそが経済的な武器になるというパラダイムシフトがこれからの日本を救うカギかもしれない。だからこそ、地方の景色、産業、文化をこれからはもっと大事にしていく必要があるのです。

＊

地域性を大事にするために、まず個人ができることは、「地産地消」でしょう。日本における持続的産業の代表は、まさに農林水産業＝第一次産業です。地域経済を活性化させるためには、まずは地域住民が、地域で生産を行い、地域で消費するというサイクルを作ることが必要です。すなわち、地域経済の根幹となる第一次産業を地域で興し、その産物を地域で消費・利用するという、里山形式の経済システムを確立することです。

地域経済が安定し、地域社会が独自のコミュニティとして成り立てば、若い人たちも安心して生活ができるようになり、人口減少に歯止めをかけることも可能となります。地域に人が住み、その地域の自然管理が行われるようになれば、地域ごとの独自の生態系・生物多様性も健全に保全されることになります。

自立した地域社会が全国に展開することで、首都圏の経済が停滞するようなことが起こっても、地域社会まですべて壊れるというようなリスクは低くなります。ひとつの日本、その中にある地方という社会生態系ができるわけです。

実はこのシステムは生物集団にも当てはまるのです。地域ごとに適応した集団同士が緩やかに結びついていて、少しずつ双方で遺伝子を交換するという構造を「メタ個体群」あるいは「メタ集団」といいます。ひとかたまりの大きな集団でいるよりも、こうした地方分散型の連結集団構造の方が、環境変化によってどれかひとつの集団が滅んでも、ほかの集団によって補填・再生されるという形で、集団全体の絶滅リスクが低くなることが観察されています。

一方、今のようなグローバル化の進行が続けば、地域の固有性が守れなくなり、世界経済の動向に飲まれて地域の社会も共倒れを起こすことになってしまいます。

まずは地方再生のスタートとして、みなさんで「地産地消」を実行するところから始めてみてはどうでしょう。自分たちが住んでいた地域にかつてどんな自然、歴史、文化があったのかを学び、自分たちが目指す未来の社会と環境を地域ごとに考え、合意形成を目指していくことが地方再生のあるべき姿と考えます。

地方にお金を配り、自然を破壊してダムや道路を作る、箱物（巨大建造物）を増やすだけの政策は、もはや地域再生の実現手段にはなりえません。その地域や地方にある環境と経済をパッケージングした再生が必要です。その地域にしかない独自性・固有性をどう「販売」するかという商業戦略も必要になってきます。

これまでに作られてきた新幹線や高速道路といったインフラを活用し、今後は、地域ごとに活性化した社会を構築し、それらをつなげたネットワーク型社会を作り上げることで、地域間でWin-Winの関係ができれば、わが国は自律的な持続型国家となるでしょう。

地方都市も生物集団と同じようにある程度地域間で人が流動しながら、地域独自の「遺伝子組成」を持つメタ集団を形成すべきです。それぞれが日本国家の要員としてアシストし合うことで、安定した地域社会が維持できると期待されます。

グローバル化の象徴である外来生物

話を社会論から生物学に戻しましょう。グローバル化に伴って増えている生物群がいます。それは「外来生物」です。ここから私の現在の研究対象である外来生物のリスクと対策について少し詳しく紹介していきます。

現在、日本に定着した記録がある外来生物は、目で見てわかる種だけでも、2000種を超えるとされます。この中にはすでに駆逐されたものもあるかもしれません。

この2000種という記録の中には、ダニ、カビ、バクテリアなどの目で見てわからない（見えにくい）種群は含まれていません。おそらく、そういう微小生物までカウントするととてつもない数の外来生物が導入されていると思われます。

「外来生物」の定義は、人為的に移動させられた生物です。海流に乗って流れつく、台風で飛ばされるなど、自然の流れの中で移動してきたものは、原産地が海外であっても外来生物とは呼びません。それらは、漂流種あるいは漂着種と定義されます。

近年、外来生物による生態系や生物多様性に対する悪影響が世界的に問題視されており、日本国内でもアライグマやヒアリなど、外来生物による被害やリスクがマスコミでも頻繁に取り上げられるようになっています。

環境省は外来生物を法的に管理する目的で、２００５年から「外来生物法」という法律を施行しています。

この法律では、外来生物のリスクを評価して、生態系や人間社会に対して悪影響を及ぼすおそれが高い種を「特定外来生物」という規制対象種に指定して、輸入すること、飼育すること、野外に逃がすことを禁止しています。評価対象となる外来生物は明治時代以降に持ち込まれた種とされます。

生物学者たちによって「明治時代以降」という線引きがなされた理由として、この時代を皮切りに渡航者や海外からの物資の移送が盛んになり始めた歴史的な事実があるからです。

しかし、島国である日本は、その歴史をさかのぼれば、縄文の時代から人の移入が繰り返されており、その過程でさまざまな生物が大陸から持ち込まれてきたと考えられます。つまり、「外来生物」＝「人の手によって移動された生物」の歴史はずっと古くから始まっていたのです。

例えば、私たちにとって馴染みの深い、日本の代表的な留鳥（渡りをせずに国内に留まって繁殖する鳥類）であるスズメは、稲作文化の到来とともに大陸から人に伴って移動してきた大陸産の鳥で、もともとは日本には生息していなかったとされます。

同じく、身近な春の虫として、広く知られるモンシロチョウも、奈良時代に大陸からダイコンや菜の花などのアブラナ科作物が持ち込まれた際に、その葉に紛れて日本に移入された外来生物とされています。

公園や空き地に普通に生えているシロツメクサ、通称クローバーも外来生物です。1846年にオランダから輸送された陶器を梱包する際の詰め物・緩衝材として使用されたのがこのシロツメクサ＝「白詰草」だったといわれています。

この最初の持ち込みをきっかけに牧草や緑化植物として輸入されるようになり、日本に広く定着したとされます。

このように、外来生物は古くから存在し、さまざまな種がすでに国内において馴染みの生物として「市民権」を得ています。

今更、なぜ外来生物がやたらと問題視されるようになったのか。古い時代の外来生物の生態に関する情報はほとんどなく、断定することは難しいですが、少なくとも今ほど深刻な被害というのは生じていなかったのではないでしょうか。

昔は、人間の移動速度と移動距離にも限界があったことから外来生物の移動量にも限界がありました。加えて、日本の自然生態系には、日本の環境に適応して進化してきた在来種が先達として生息しており、エサや住処など生態的資源を在来種たちが独占していて、新入りの外来生物が生態系に入り込む余地はほとんどない状態でした。したがって、在来種と穏便に資源を共有して共生できる種のみが徐々に日本の自然生態系に受け入れられて定着していったのではないかと想像されます。

しかし、明治の開国時には、世界はすでに化石燃料の時代に突入しており、日本もあっという間に長距離移送・高速移送の国際経済の中に飲み込まれました。その結果、外来種の移動量と分布拡大速度も急速に上昇し、加えて、近代化に伴う開発や汚染が自然生態系を撹乱して劣化させ、在来種の衰退とともに外来種が侵入・定着しやすくなるという生態系シフトが加速しました。

特に開国以降、遠いヨーロッパやアメリカ大陸からの外来種が急増しました。まったく日本とは異なる環境で進化した外来生物たちは日本国内において強力な繁殖力と生態的インパクトで在来の生物種に大きな脅威を与えるようになりました。

日本のススキを押しのけて繁茂するセイタカアワダチソウ。日本のカメの住処を奪い、今や在来種以上に繁栄しているミシシッピアカミミガメ。野鳥や小動物を襲い、農作物にまで甚大な被害をもたらしているアライグマ。食用目的で導入されて、結局食べられることなく放置されて分布が拡大した結果、国内の湖沼生態系における有害生物と化しているオオクチバスやウシガエル。などなど、これら日本の生態系を脅かし、農業にも深刻な影響をもたらしている外来生物たちはすべて開国以降に持ち込まれた北米原産の種類です。

　また近年では、1995年に大阪で侵入が確認されたオーストラリア原産のセアカゴケグモが44都道府県にまで分布を広げていることが確認されており、2017年には南米原産のヒアリが船舶の貨物に紛れて神戸港に上陸した事例が報告されるなど、全世界から新たなる外来生物の侵入が続いています。セアカゴケグモやヒアリは有毒生物であり、人間の健康に対するリスクも懸念されます。

　外来生物は古くから人間の歴史とともに存在し、すべてが「悪者」だったわけではありません。むしろ在来の生態系や人間社会に時間をかけて馴染んできたものが多かったのですが、化石燃料の登場とともに人間活動が、人間本来の生物学的能力を超えた規模に発達したことで、外来生物の移動量も移動距離も移動速度も生物進化の範疇を超えました。その結果、外来生物は自然の応力では制御不能のモンスターと化して、生態系や人間社会にまで被害を及ぼすようになったのです。まさに外来生物問題はわれわれ人間が生みの親であり、それを肥大化させている原因も人間の活動にあるのです。

外来種だけを悪者にしていいのか？

現在、日本で外来生物がはびこる原因のひとつには環境の変化、すなわち人間による開発があります。外来生物が住みやすい環境を人間が提供している、逆にいえば、在来生物も住めない劣悪な環境に定着して、在来生物に成り代わって、新しい生態系を作り出しているのが外来生物となります。

そう考えると、今、外来生物を排除する目的が在来の生物・生態系を取り戻し、生物多様性を保全するためとされていますが、ここでいう「守るべき生物多様性とはなにか」の根本的な問いに答えなくてはなりません。

＊

例えば、ヨーロッパ原産のセイヨウオオマルハナバチは、ハウス内のトマトの花粉を花から花へと運び、実を作るのを助けてくれる有用昆虫として輸入されました。今では、北海道でハウスから逃亡した個体が野生化して広がり、問題になっています。本種の分布拡大によって、在来のマルハナバチ類が、エサや営巣場所を奪われて、その数が減っているとして、本種は2006年に特定外来生物に指定されました。その結果、農家さんが本種を利用する際には環境省の許可が必要となり、さらに野生化した集団を駆除しなくてはならないと定められました。

現在、地元の自然保護団体を中心としたボランティアさんたちが捕虫網を使って、毎年、野

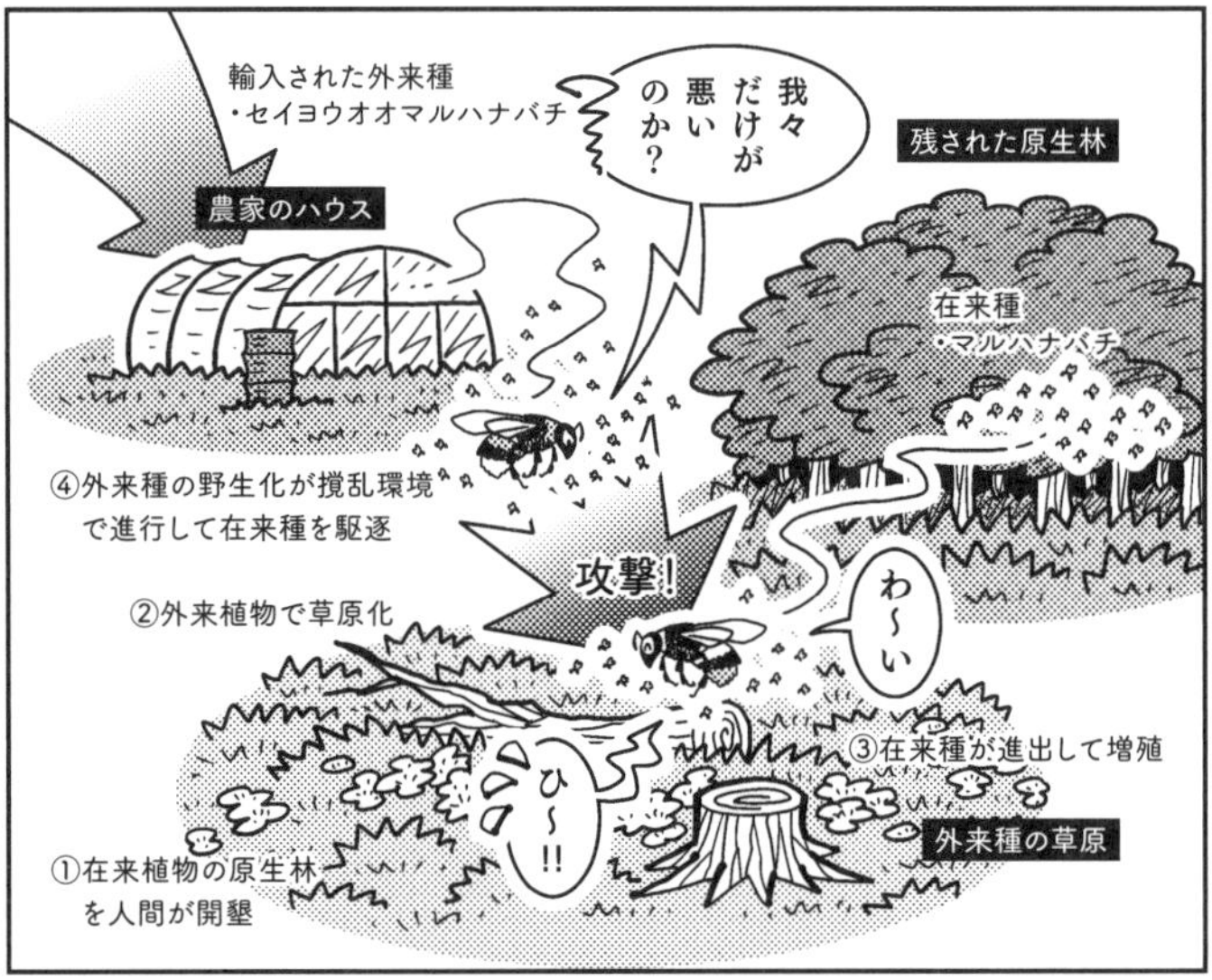
輸入された外来種
・セイヨウオオマルハナバチ
我々だけが悪いのか？
残された原生林
農家のハウス
在来種
・マルハナバチ
④外来種の野生化が攪乱環境で進行して在来種を駆逐
攻撃！
わ〜い
②外来植物で草原化
③在来種が進出して増殖
ひ〜!!
外来種の草原
①在来植物の原生林を人間が開墾

外を飛び回るセイヨウオオマルハナバチを捕獲して、その数を抑えようと努力しています。しかし、ハチの増殖力に人力の捕獲努力が追いつくわけもなく、その分布域は広がり続けています。

ここで一度整理しておきたいことは、セイヨウオオマルハナバチを排除して取り戻そうとしている「もともとの北海道の自然」とはなにかということです。在来のマルハナバチの数さえ戻れば、自然を取り戻したことになるのでしょうか？　北海道行きの航空便に乗って上空から北海道の大地を眺めるたびに、原生林といえるエリアがわずかに残っているだけで、ほとんどが畑と牧草地に開墾されているのがよくわかります。

開墾された大地に生えているのは、牧草とシロツメクサ、アカツメクサ、セイヨウタンポポといった外来植物です。北海道は人間の手が入ったことで、外来種の草原となっています。そうしてできた人為的な平原に豊富な花蜜と花粉を求めて、もともと山林に生息していた在来のマルハナバチたちが進出し、本州では考えられないほどたくさんのマルハナバチが飛び交うようになったのです。

いうなれば、北海道の牧草地や田畑周辺に飛び交う在来のマルハナバチ自体が人為的に増殖されたような存在なのです。今、その人為的なオープンエリアに外来のセイヨウオオマルハナバチが進出してきて、日本のマルハナバチを蹴散らしている。これは正確に在来の生態系に悪影響を及ぼしていると断言できるのでしょうか？

もちろん北海道の平野部にも原生花園など守るべき原自然はあります。そうした在来の花々は在来のハチたちと共進化していて、在来種が減ると花粉を運んでもらえず、繁殖に悪影響が出ることも想定されます。だからこそ、セイヨウオオマルハナバチを北海道全体から排除して、限られた自然環境に影響が及ぶことを防がなくてはなりません。

しかし、このまま開発が進み、原自然エリアも今より矮小なものになったときに、セイヨウオオマルハナバチの排除に多大な労力とコストをかける意義は、さらに曖昧なものになるのではないかと危惧されます。

なにより、セイヨウオオマルハナバチを自然保護エリアの中まで分布を広げているのは、人間自身が彼らを導いているからでもあるのです。今でも日本のマルハナバチたちは、山林エリアでは健在です。そうした原自然が残っているエリアには在来種による頑強な生態系ができていて、セイヨウオオマルハナバチも簡単には入り込めないのです。

しかし、最近は、草原や畑を飛び出し、知床半島の自然エリアや大雪山の標高の高いエリアにまでセイヨウオオマルハナバチが進出を始めています。その背景には、観光目的での自然エリアの開発があります。特に知床半島が世界遺産に登録されてから半島の奥地まで林道が整備され、観光客の誘致を図っていますが、道路を整備したことにより、外来雑草が増えてしまい、セイヨウオオマルハナバチを呼び寄せることになっています。

セイヨウオオマルハナバチを持ち込んだのも、野外で増える環境を与えているのも人間自身です。セイヨウオオマルハナバチだけを悪者にして駆除することが果たして本当に「自然保護」なのか？　守るべき自然とはなにか？　セイヨウオオマルハナバチの問題は外来生物管理の意義についての深い問いを投げかけてくれます。

フランスでは年間15名が死亡しているツマアカスズメバチ

一方で、明らかに人間社会に深刻なリスクをもたらす外来生物も増えつつあり、そうした危険外来生物に対しては対策を立てることは急務となります。われわれ研究者の務めは、科学的なデータを集め、それに基づいた現状把握をして、いろいろな人に認知してもらうことです。

＊

２０１７年は南米原産の毒アリであるヒアリが日本に初めて上陸して日本中がパニックになりました。彼らはお尻に強力な毒針を持っており、刺されたら非常に痛く、また体質によってはアレルギーによる全身症状を発し、最悪死に至る危険性もあります。

この「死をもたらすリスク」は、日本中の人に恐怖と不安を与えました。それほどまでに日本中が大騒ぎになったのは、そこまで危険なアリというものが日本には存在していなかったからでしょう。

日本は、ほかの国の自然に比べると、危険度の高い生物は極めて少なく、ある意味マイルドな自然に恵まれた国だといえます。もちろんスズメバチやムカデなど危険な有害生物は生息していますが、普通に生活していて命の危険をもたらすような生物に出くわすことはほとんどありません。

公園や河川敷の原っぱでゴロンと寝っ転がったり、ゴザを敷いてお花見するなんて行為が気軽にできるのは日本くらいです。ほかの国でこんなことしようものならどんな毒虫に刺されるかわかりません。日本の四季折々の自然を楽しむという風流は、この日本列島という環境に育まれたマイルドな生物多様性の中で生み出された文化なのです。

もしヒアリが日本に定着すれば、うかつに原っぱに腰を下ろせなくなってしまい、お花見を楽しむこともできなくなってしまいます。アリを可愛がる、面白がるといった自然観察の好奇心も萎えさせてしまいます。

ヒアリは日本独特の自然を愛好するという文化の破壊者といってもいいのです。

南米のアマゾン川流域が原産地のヒアリは今や、日本を含めアジア中の国々に侵入して分布を広げようとしています。ヒアリの世界進出は、グローバル化の産物です。私たちが海外からの資源に依存する生活を続ける限り、ヒアリのような危険な外来生物の侵入はこれからも続きます。

＊

今、日本国内で増えつつあるもうひとつの危険外来生物がツマアカスズメバチです。このスズメバチは中国南部原産で、現在、中国政府による一帯一路政策、すなわちヨーロッパと東アジアの経済圏を結ぶ、という国際経済戦略の流れに乗って、ヨーロッパと韓国に侵入して猛威を振るっています。

このスズメバチの特徴は、樹高の高い木の上の部分に最大バスタブくらいの巨大な巣を作り大量の働きバチを生産することです。働きバチの大きさは2センチほどしかなく、それほど大きくはないのですが、数が多いことから競争力が強く、またミツバチをエサとして好むことから、養蜂業に大ダメージを与えます。

大型のスズメバチが生息していないフランスでは市街地の街路樹や電信柱に大量の巣が作られ、2016年には15名が刺されて亡くなっています。韓国でも釜山市内で、マンションの壁に巣が作られたりして、人間生活に深刻な影響をもたらしています。

この厄介な外来スズメバチが2013年に、長崎県の対馬で営巣しているのが発見され、それ以降、対馬島内で分布を広げています。侵入源はおそらく韓国からの観光船と考えられています。2015年以降、九州本土でも、少数の個体や巣が見つかり始めており、本土内での定着・分布拡大が懸念されています。

国立環境研究所では、これ以上の分布拡大を阻止して、最終的にこの国から根絶するために、防除技術開発を進めています。

これまでは、巣を見つけ次第、撤去するという方法と、乳酸菌飲料の入ったペットボトルのトラップをしかけることで飛び回っている営巣前の女王や働きバチを捕獲するという、物理的

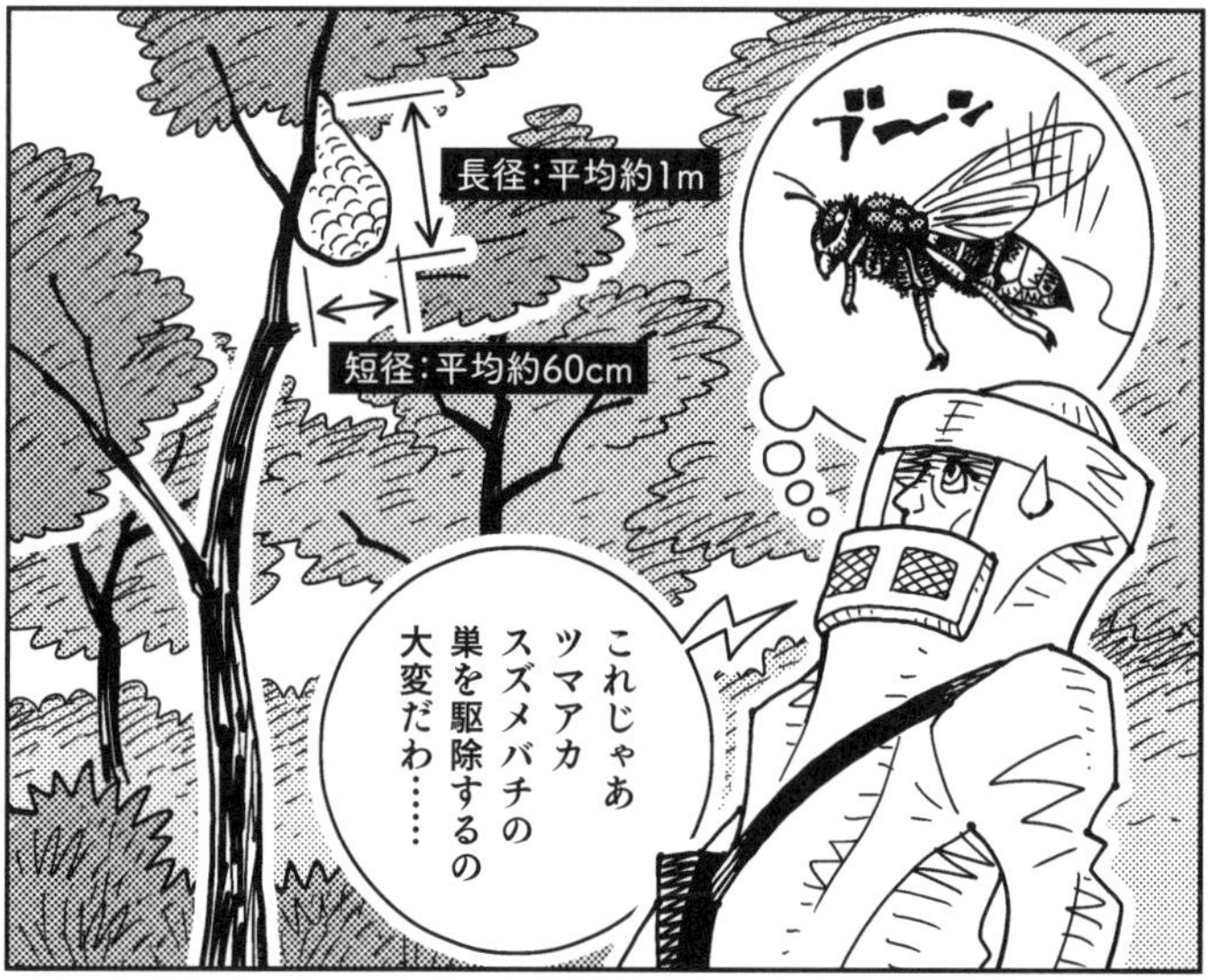

な手法で防除が行われていました。ですが、この方法では目と手の届く範囲でしか巣は除去できず、また、増殖力が高いため、トラップの捕獲では追いつかないことから個体群を減少させるまでの効果は得られていません。

そこでわれわれは、見えない部分の巣も防除して、確実に個体群の増殖を抑える技術として、特殊な薬剤を使った方法を試験開発しています。

ツマアカスズメバチは大変増殖力が強い昆虫で、春に飛び回る営巣前の女王は、もともと巣場所をめぐる種内競争が激しく、トラップで少々捕獲したところで間引き効果ぐらいしか期待できません。同様に働きバチも少々捕獲したところで、すぐに巣から生産されてきます。

スズメバチは社会性昆虫ですから、防除のターゲットは巣内の女王バチによる次世代の生産を停止させることになります。すなわち新女王の旅立ち前にその息の根を止めることです。

そこでわれわれは、ＩＧＲ剤といわれる幼虫の脱皮を阻害して死に至らしめる薬剤を働きバチの体に塗布して、巣に持ち帰らせ、巣内の次世代幼虫の成長を止める、という戦略を考案しました。この薬剤はガス化効果が高く、働きバチが巣に持ち帰ると、閉鎖系の巣内で薬剤のガスが充満して幼虫にも暴露することが期待されるのです。

実際に対馬島内でいくつかの野生の巣を使って試験を行ったところ、極めて高い防除効果（新女王の生産停止）が得られることを確認しています。現在、対馬市と国立環境研究所の共同でこの手法を島内に展開して、島全体のツマアカスズメバチを駆除する事業を進めています。もちろん薬剤を使用する方法なので、ほかのハチや昆虫類、動物などに悪影響が及ばないか、という生態リスクについても合わせて調査を行いながら、慎重に技術開発を進めています。

＊

「次に危険な外来種は？」という質問は多いのですが、予測される外来種はすでに日本に入ってきています。ヒアリが最後のとりででした。

次はもう正体不明のものしかないですね。ブラジル、インド、アフリカ諸国など新興国との貿易の取引も増えています。そうなると今まで見たこともないような外来種が日本に来る可能性は高いです。

温暖化に比べると生物多様性の対策は数段遅れている

外来生物が侵略してくる、といいますが、実は外来生物は、人間が自ら引いたロードマップに乗っかって、動かされているだけにすぎないのです。

私は立場上、そして職務上、外来生物を駆除し、環境を保護することを目標としています。しかし、研究者として、今の外来生物対策が本当に自然科学として正しいことなのかどうか考え込んでしまいます。

本来いなかったはずの生物が異常に増えて、なんらかのハザードやリスクが生じているのであれば、その数を減らす努力をすることが先決です。しかし、外来生物を増やしている原因が人間の活動にある限り、ある外来生物を根絶できたとしても、またすぐに違う外来生物が侵入してきて増加することは続きます。

現在、生物多様性の保全が世界中で声高にうたわれていますが、ベース（理想）となる生物多様性とはどんな状態なのか、という定義すら曖昧なままです。だから、保全目標自体が人間の価値観に左右され、外来生物も人の嗜好性によって大事にされたり、悪者にされたりします。例えば、今、新潟県佐渡島で放鳥されているトキは元を正せば中国産です。野生復帰プロジェクトが行われている兵庫県豊岡市のコウノトリも外来個体が起源です。でも、みんな増やすために大事に育てている。これは明らかに人間もしくは人間社会の価値観に基づくものです。

＊

外来生物駆除のベースも、究極的に、原始自然だとすれば、それは人間がいない状態の環境となります。しかし、その究極解は人間の存在を否定する論理であり、人間のための科学として成立しません。

結局、外来生物を駆除すべきかどうかは、その地域の自然の持ち主である地域住民たちが考えて合意形成をするべき問題だと思います。住民がその存在に対してＮＯという合意を得たなら、その外来生物を排除すべきとなります。生物多様性の基盤となるのはローカルな自然であり、それらはそこに住む人たちの共有財産でもあります。だからこそ生物多様性の保全は地域ごとに、地域ぐるみで、地域住民主体で議論することが一番大事だと思うのです。

*

「生物多様性」という概念は、実はいろいろな人たちのそれぞれのエゴで形成されており、その嗜好性の多様さゆえに、解決の緒は見つけにくくなっています。

研究者の中には、「遺伝子資源として日本の生物をすべて残さなければいけない」という価値観を持つものもいるでしょう。また、住民の中には「江戸時代の里山のような状態にしたい」という極端な意見を持つ人もいるかもしれません。価値観の多様性が、生物多様性保全について明確な答えを導くことを困難なものにします。

その点、温暖化対策は政治的にも経済的にもかなり一定のベクトルを示すことに成功しています。懐疑派はゼロではありませんが、かつてに比べて随分と減りました。

脱温暖化が、ひとつのグローバルマーケットとして投資の対象になることで、世界の政治経済が動き出しました。儲かる話なら、そのベクトルに乗ることに価値観の相違はあまり出る余地がないと思います。「排出量ゼロ目標」は夢物語かと思っていましたが、今は本気で世界が目指していますからね。

*

温暖化対策は「〇年前に戻そう」もしくは「排出量ゼロ」という明確な目標を立てることができています。しかし、生物多様性保全にはそれだけの明確な目標は確立されていません。

少なくとも「生物種がこれ以上減るのを防ごう」という目標がありますが、その根拠、すなわち生物多様性が減ることによる、人間社会や地球環境に及ぼす影響やリスクが定量的には示されていないため、温暖化ほど、一般の人たちにその危機感は通じてはいません。

生物多様性保全という研究分野も流動的で、国際的に確固たる統一ポリシーができあがっているとはいいがたい状況にあります。研究者の間でも意見統一ができていないのだから、一般市民の方にどうあるべき、どうすべき、といった指針を示すことも難しくなります。

温暖化と同様に生物多様性でも、森林資源は一番最初に減らしてはならないものです。これは面積で表せるので、目標になりえます。

例えば、紙などの林産資源については、認証制度を義務付けることが可能です。熱帯雨林を切り出して作ったものはNGで、リサイクルで生み出されたものにはOKと分けることができます。

具体的には、認証されたものを使うことが企業としての義務であり、守っていないと風評被害を受け、大きな損益を被ることになるというシステムを考えています。そうすると企業側も、再生産エネルギー、資源の使用に努力するはずです。認証を受けていない企業と取引するとペナルティーを受けるというような制度を作ることも可能です。

実際に日本でもエコファースト企業という取り組みがあります。企業の資源消費という意味では、環境保護のシステムができ始めているんです。

＊

現時点では、生物の数の減少も変わらないですし、多様性の劣化も止められていません。なぜ生物多様性は世界的に見てもまったく進歩がないのか。それは先ほども触れた価値観の統一ができず、目標を定められていないからだと思われます。

2010年、『生物多様性条約　第10回締約国会議（COP10）』が日本で開かれました。そこで「名古屋議定書」と「愛知目標」というふたつの国際的な枠組みが採択されました。「名古屋議定書」は遺伝子資源の公平配分に関する決め事です。赤道近くの生物多様性が高い地域を包含する発展途上国には豊富な遺伝子資源が存在しています。これまでは、農作物の原種や医薬品の原材料となる植物種や土壌細菌を先進国により開発され、その利益が独占され続けてきました。

例えば、マダガスカル島のニチニチソウの成分から抗がん剤、中国の中華料理の香辛料「八角」からインフルエンザ治療薬「タミフル」などができたのです。さらに古くは15世紀にスペイン人が南米から持ち帰った高山植物が原種となってジャガイモが育種されました。

先進国の企業による遺伝子資源の開発と利益の独占は植民地時代からの歴史であり、途上国側には積年の恨みもあるでしょう。こうした生物資源を利用した製品の市場規模は45兆円とも70兆円ともいわれています。

グローバル化が進む中、途上国はこうした医薬品などの原料の原産国への利益の還元、さらに開発技術の提供を求めてきました。特に「現在」「未来」の利益だけでなく、植民地時代という「過去」の利益にさかのぼっての還元をも主張しています。当然、先進国側の国や企業は、利益配分の負担が重すぎると資源を活用できなくなり、結果的には途上国にも不利益になると訴えて、南北間で利益をめぐる対立が続いていました。

この遺伝子資源の利益配分をめぐる問題解決は、生物多様性条約の中でも重要課題とされており、「遺伝資源の取得の機会（Access）とその利用から生ずる利益の公正かつ衡平な配分(Benefit-Sharing)」という目標が定められています。Access and Benefit-Sharing の頭文字をとってＡＢＳと呼ばれています。

名古屋議定書では、このＡＢＳのための具体的なルールが定められています。代表的なものは以下の３つです。

○遺伝子資源を提供する国はそれぞれに、利用国との間での合意・契約に基づく遺伝資源の提

供を行うための、確実・明確・透明なルールを策定すること
○利用する国は、自国で利用される遺伝資源が提供国の定めたルールを遵守して取得されることを担保するためのルールを策定すること
○ＡＢＳＣＨ（国際的な情報交換センター）に、遺伝子資源利用にかかる提供国法令・許可証情報を通報すること
今後、先進国が無断で他国の遺伝子資源を持ち出したり、開発したりすることは各国の法令に基づき禁止されることとなりました。

このルールは、医薬品開発や食品開発といった産業目的の遺伝子資源利用だけにとどまらず、分類学、生態学、進化学などの基礎的研究分野にも波及することになりました。現在、われわれ研究者も勝手に標本を持ち出すことはできなくなっています。

この遺伝子資源の利益再配分こそが生物多様性条約の本当の目的だったともいえます。

しかし、アメリカを含む先進国はグローバリズムという名のもとに、遺伝子資源を医薬品などに利用し、経済的に利したいわけですから、ＡＢＳに躊躇する国も多く、各国の足並みはまだ十分にそろっていません。議定書を作った議長国であるわが国ですら、批准したのは２０１７年と最近のことでした。

ＣＯＰ10で定められたもうひとつの枠組みである「愛知目標」の方は、ぼんやりと「生物多

様性の劣化を防ごう」とする目標です。

正直具体性に欠く内容で、もう目標達成度が計られる2020年が来てしまいましたが、なにひとつ際立った成果は上がっていないというのが現時点での評価です。外来種に関しても「外来種を防除し、増やさない」と当たり前のことしか書いてありません。数値目標を設定するなど、具体的なゴールを示しておく必要はあったのではないかと思われます。

もっとも、生物多様性の保全の根幹が地域性（ローカリティ）にあり、それを守るのが地域のコミュニティであり、その方針・指針は地域の合意形成に基づくとすれば、国際基準というものはむしろ無用の産物といえるかもしれません。2020年、愛知目標の設定期限が間もなく切れて、ポスト2020年目標が準備されていますが生物多様性の未解決課題はまだまだ山積み状態です。

第6章

生物学と未来

パンデミックはいつ起こってもおかしくない

この章では、予測できる範囲で未来の話をしていきたいと思います。

私がまず、人類に対する直近の生物学的脅威と考えるのは、感染症の問題です。今や感染症は目に見えない外来生物といっていいでしょう。原因となる病原体は寄生虫や菌類、細菌、ウイルスなどの微小生物になります。具体的に近年、パンデミックが懸念される病気として、インフルエンザやエボラ出血熱、エイズ、デング熱、ジカ熱、はしかなどが挙げられます。みなさんも聞いたことがあると思います。

これらの病原体は野生動物やペットに随伴して、もしくは人間の体内に潜んで気づかれないうちに人間社会に持ち込まれて広がります。

特に病原体を媒介する蚊やダニなどの熱帯原産の昆虫類も、日本国内の熱帯化によって、都市を中心に一年中生息できる環境が整っています。現在の国際的な人と物の動きの激しさを考えると、いつでも感染症の侵入と大発生のリスクをわが国は抱えています。

＊

２０１４年に西アフリカでエボラ出血熱が流行し、アメリカ、スペインなどにも飛び火しました。エボラ出血熱はそれまでアフリカの一部で、死者を出しては収束することを繰り返す、風土病のような存在でした。しかし、近年アフリカは著しい経済発展を迎えており、人や物の出入りが激しくなり、エボラ出血熱ウイルスもついにアフリカの外に飛び出し始めたのです。

最初、シエラレオネの一部地域でエボラ出血熱が発生した時点で、現地の病院に勤めるウマル・カーン医師が、懸命に患者の治療にあたりながら、政府に対して、感染が確認された街の道路を封鎖して感染拡大を防ぐよう訴えました。しかし、経済が滞ることを理由に、進言は受け入れられず、結局、被害が拡大してしまったのです。

仕方なく、彼はアメリカＣＤＣ（疾病予防管理センター）に助けを求めましたが、アメリカもシエラレオネの一部の地域に内政干渉はできません。ＷＨＯ（世界保健機関）に訴えても、その時点ではすぐには動きませんでした。

その間にエボラ出血熱はギニア、リベリア、ナイジェリアなどにも拡大しました。そうなってからやっとＷＨＯが動き、医療団を送り、なんとか感染拡大を収束させました。その後も、エボラは再発を繰り返しており、予断を許さない状況が続いています。

現地で治療にあたっていたウマル・カーン医師は、エボラ出血熱で亡くなり、英雄として讃えられています。彼がアメリカに送った感染患者の血液サンプルのおかげでエボラ出血熱がどのように拡大していたのかがわかり、重要な研究論文として発表もされています。

それによれば、明らかに経済のルート、つまり西アフリカの主要道路に沿ってウイルスは広がり、国際港からヨーロッパへとウイルスが運ばれたことが示されています。

地理的に見れば西アフリカは日本からは遠いエリアですが、ヨーロッパとは近距離で、ギニア、ナイジェリアなど開かれた国があり、大きなマーケットとなっています。そこに中国も投資をしており、特に近年では中国の「一帯一路」政策によって、東アジアとヨーロッパ・アフリカ経済圏のつながりが強化されつつあります。このように急速に世界がつながる時代にあって、感染症のリスクは、従来のような地理的スケールで測れるものではなくなっています。

東京オリンピックで、新たな感染症パンデミックが起きる!?

結局、この2014年に起こったエボラ出血熱のパンデミック（感染症の流行）では、感染症リスクよりも経済が優先するという世界の現状が露呈しました。そして同時に、グローバル化した経済がいかに素早く感染症リスクを広げるかということも示しています。

2016年にはジカ熱の世界的流行が懸念されました。この病気は蚊媒介性の感染症で、病原体ウイルスはもともとアフリカが原産とされます。

このウイルスも第二次大戦後の国際経済の発展に伴いアフリカからインド、東南アジア、太平洋諸島へと分布を拡大し、２０１４年にブラジルに侵入したと考えられています。

その年にブラジルでサッカーW杯が開催され、大量の旅行客が訪れたことが侵入のきっかけでないかと疑われており、２０１６年にリオデジャネイロオリンピックが開催されたことで、再びたくさんの渡航客がブラジルを出入りして、フロリダとヨーロッパに飛び火したものと思われます。当然リオ五輪には多くの日本人も観戦に行っており、彼らがこのウイルスを日本に持ち帰っている可能性は低くないと思われます。

厄介なことに、ジカウイルスは感染しても、ほとんどの場合、症状が出ないか（不顕性感染率80％）、症状が出てもそれほど重くなりません。そのため、病院にかからず、そのまま放置される可能性が高く、ジカ熱の侵入は気づかれにくいのです。

一方で、ジカウイルスは母体から胎児への垂直感染を起こすことがあり（先天性ジカウイルス感染症）、小頭症などの先天性障害を起こすリスクが指摘されています。エンドポイントが胎児の先天性障害という最悪なものである上に、ウイルス保有者が把握し難いという、実に面倒な感染症なのです。したがって、今後日本国内でも、蚊に刺されるリスクは深刻に受け止めるべきであり、できるだけ刺されないようにすることが重要です。

感染症リスクという観点で日本が次に警戒すべきビッグイベントが東京オリンピックとなり

ます。普段でも日本は経済大国として、いろんな国や地域から人や物が大量に出入りしています。それがオリンピックイヤーにはいっそう激しくなります。現時点では、政府はテロ対策を優先していますが、新たなる感染症のパンデミックが起こるリスクも念頭に置き、バイオセキュリティーにも力を入れるべきだと考えます。

すでに日本ではデング熱の発生事例があり、さらに、感染症媒介リスクが高いアライグマなどの外来動物も多数、都会に生息しています。そこに感染症の病原体が持ち込まれたらどうなるか……簡単に深刻なリスクは想像できると思います。

＊

2019年5月に厚生労働省と国立感染症研究所が、エボラ出血熱などの5種類の生きた病原体ウィルスを輸入することを発表して大きな話題になりました。

今回輸入に踏み切ったウィルスはいずれも致死率が高く、日本の感染症法でもっとも危険とされる1類感染症に指定されています。

これらの危険ウィルスをわざわざ輸入する目的は、特に東京オリンピックで入国者が増えることから、これらの危険な感染症も持ち込まれて、万一発症した場合に備えるためとされています。感染症を確実に特定するための確定診断には生きたウィルスが必要とされることから、国内にもウイルスを保管しておこうという狙いです。もちろんワクチン開発や治療法の開発にも役立ちます。

これら5種類の病原体を保存して扱う施設が、東京都武蔵村山市にある国立感染研究所の村山庁舎の「BSL4施設」となります。BSL4施設とは、国際基準のバイオセーフティー・レベルの4段階中、もっとも危険度が高い病原体を安全に取り扱える施設のことで、別名「P4施設」とも呼ばれます。

しかし、施設の周辺に住宅街があることから、この病原体導入に対しては、当然、市民からは不安の声が上がり、厚生労働省は武蔵村山市と協議を重ね、なんとか導入の承認を得ました。このような危険なウイルスを、パンデミックのリスク対策のために保管しなくてはならないという状況も、グローバル化がもたらしたジレンマといえます。

77億人に膨れ上がった人類をウイルスは淘汰しようとしている

今までに人間社会の歴史に存在しなかった感染症が近年になって人間社会を脅かす存在となる新興感染症問題。その根本原因は、人間による環境破壊がもたらす生物進化の歴史の崩壊にあります。

根本的には、寄生生物や病原体にも住処があり、本来の伴侶である野生動物が自然宿主として存在します。その野生動物たちの住処を人間が開発で破壊することにより、野生動物が減少し、住処を奪われたウィルスたちが、新たなる宿主を求めて、「侵略者」である人間にとりつき、新天地である人間社会へとたどり着きます。そして、ウィルスは、新たなる宿主として狙いを人間に定め、感染を拡大して、自分たちが生き残れる共生可能な身体を持った宿主・人間を探し求めているのです。人間にとっては今まで出会ったことのないウィルスに感染されて、なんの抵抗性（免疫）も持たないわけですから、深刻な症状が続発し、死者も出ることになります。

１９７０年代以降に人間社会を襲い始めたＳＡＲＳコロナウイルスは、キクガシラコウモリの体内で、そしてＡＩＤＳの原因となるＨＩＶは猿類の中でおとなしく生きていたと考えられています。結局、これらのウィルスも山林開発とグローバル化の波に乗って、密林から世界へと拡散したと考えられています。

そもそもこうしたウィルスたちも、人間が地球に登場するはるか昔から、野生生物の世界に存在し、進化を繰り返してきました。彼らも生物多様性の一員として生物進化の中で重要な役割を果たしてきたのです。どんな役割かといえば、野生生物の種の中で、バランスを欠いた増殖を続ける集団がいれば、そこで感染を拡大し、病気を引き起こして、個体数を調整するとともに、抵抗性を持つより強い系統へとその集団を進化させる「天敵」の役割を果たしているのです。

いってみれば、足の遅いシマウマから食べてシマウマ集団の数を調整するとともに、より足の速い強靭なシマウマ集団へと進化させているライオンと同じ役目を病原体も果たしているわけです。

ライオンが外なる天敵とすれば、ウイルスは「内なる天敵」といえます。つまり、ウイルスなどの病原体や寄生生物は生態系のバランスを維持する上で重要な存在といえるのです。

したがって、生物多様性の保全も、これら病原体ウイルスや寄生生物もセットで考えなくてはならないのです。しかし、野生生物の世界を人間が開発と乱獲によってボロボロにしており、住処を奪われたウイルスたちが、新たなる生息場所を求めて、いま「都会のジャングル」へと押し寄せてきているのです。

新興感染症ウイルスたちに意思があって（現実にはありませんが）、そんなウイルスたちが今の地球を見たら、77億人以上にも膨れ上がった人間は、生態系のバランスを欠く、増えすぎた生物集団と判断することでしょう。「これは地球環境のためにもすぐに減らさなくてはならない！」とウイルスたちは本来の生態系機能を発揮すべく、人間集団の間で感染を繰り返し、人間を淘汰しようとしているのでしょう。

本来の生物進化の掟に従えば、新興感染症の拡大で、抵抗性を持たない人間がどんどん発症してその数を減らし、抵抗性を持つ人間だけが生き残って、人間集団の個体数が調整されるとともに、ウイルスとの新しい共生関係が構築され、自然生態系と生物多様性に平和とバランスが取り戻される——という流れになりますが、人間はこの掟を破ります。

つまり自分たちが淘汰されるのではなく、ウイルスたちを撲滅しようと抗ウイルス薬を作り続けます。そうするとウイルスたちもまた負けじと薬剤耐性を進化させ、人間を襲う……。今、このウイルスたちとの争いのいたちごっこを繰り返しています。

しかし、この戦いに人間の勝ち目はないといえるでしょう。ここ近年も冬が来るたびにインフルエンザの流行が大きな社会問題になっていますが、インフルエンザウイルスと人間との戦いは、もう4000年以上にものぼります。それでもインフルエンザには勝てない。それだけウイルスの進化速度は速く、さらにジャングルの奥地から未知なるウイルスが次々と人間社会を襲ってきます。

人間の創薬能力をはるかに上回る勢いでウイルスたちはわれわれを攻撃してくるのです。いずれ人間社会は新興感染症によって崩壊させられるかもしれません。この勝ち目のない戦いを終息させるためにも、生物多様性のこれ以上の破壊はやめなくてはならないのです。まさに「触らぬ神に祟りなし」という理屈になります。

新型コロナウイルスの襲来

実はこの原稿を書き始めたのは２０１８年で、原稿を仕上げたのは２０１９年の11月でした。そして２０２０年1月11日、新型コロナウイルスSARS-CoV-2による初の死者が中国で出たというニュースが国内に流れました。その後、わずか2カ月でこのウイルスは、瞬く間に世界中に拡散して、２０２０年4月までには、南極大陸を除くすべての大陸に上陸を果たしました。新たな感染症の拡大に世界中がパニックに陥り、治療法が確立していないため、各国の首都圏を中心に、外出と経済活動を全面禁止する「ロックダウン」という対策がとられ、世界経済はあっという間に麻痺状態に陥りました。

日本でも東京都を中心に感染が急速に拡大して4月7日には緊急事態宣言が発令され、外出自粛要請・商業活動自粛要請により日本の経済も死に体の状態となりました。前述したウイルス襲来の予測は、奇しくも２０２０年夏の東京オリンピック開催よりも早くに実現して、そのオリンピックすら延期に追い込んでしまいました。

新型コロナウイルスは、見つかったばかりの新興感染症であり、その正体はまだ十分には明らかになっていません。ただ、これまでのコロナウイルスとは異なり、感染力が桁違いに強く、前述の通り、数ヵ月で全世界に蔓延しました。しかも北はロシア・カナダから南は東南アジア・インド・中東・アフリカ・中南米に至るまで、あらゆる気候帯に拡大しており、温度や湿度などの環境の違いに対しても、極めてタフで、適応力の強いウィルスと考えられます。そのため、今後日本においても、季節を問わず、流行が続くのではないかと心配されています。この本が出版されるころには日本も夏を迎えており、いったい感染状況はどうなっているのだろうかと、私自身、不安を覚えながら、今、筆を走らせています。

中国で発生した当初は、日本を含め、どの国も普通の風邪ぐらいの感覚でしか、この新型コロナウイルスのリスクを捉えていませんでした。実際に、初期の感染の中心地であった中国・武漢市からのデータによれば、おもに高齢者が感染して発症し、重篤化するのも高齢者が中心で、若年層や子どもには感染しにくいウイルスであり、致死率もインフルエンザより低いと考えられていました。

ところがこの油断が、大きなアダとなってしまいました。中国での最初の患者の確認が2019年12月ということは、それより前にウイルスは人間社会に浸淫を開始していたはずで、まさに年末年始の人類大移動の時期を挟んで一気に世界へ拡散してしまったと想像されます。

そして、このウイルスは、感染者と対面して会話するだけで、あるいは感染者との握手など接触するだけで、あるいは感染者の飛沫がついたものに触れただけで感染が起こるという、強い感染力を持ち、さらに感染して、ウイルスが体内で増殖していても無症状もしくは軽微な症状しか現れない、いわゆる不顕性感染の割合が極めて高いという特徴があるため、知らず知らずのうちに感染が拡大するという事態が起こりました。

エボラ出血熱のように発症率も致死率も高いウイルスならば、感染者＝発症者となるので、ウイルスの存在を即座に特定して、隔離することができます。しかし、新型コロナウイルスは感染者が必ずしも発症しないことから、その存在を見つけ出すことが難しく、無症状の健康体で、活発に動き回る人がウイルスをばら撒いてしまうリスクが高いのです。確実に感染を拡大させるという点で、このウイルスは、人間社会に見事に適応した最強ウイルスといえます。

猛烈な勢いで感染者が増えたことで、重症患者の数も一気に増えて、受け入れられる病院があっという間に飽和してしまい、医療崩壊が起こるという局面を世界各国が同時に迎えることとになってしまいました。

北の先進国の医療と経済が機能麻痺を起こしているため、南の発展途上国における感染爆発に対しても、経済支援・医療支援を進めることができないという、まさに国際社会の機能停止までこのウイルスは引き起こしました。

そして、このウイルスは人々を不安に陥れることで、人間同士の対立と、国家間・民族間の分断をもたらし、人間同士の信用・信頼の絆までも断ち切ろうとしました。パンデミックの原因と責任をめぐって米中の対立が激化し、世界保健機関WHOの存在意義も大きく揺らぎました。日本国内では、商業活動や旅行・移動の自粛が呼びかけられる中、他府県ナンバーの自家用車を見つけては、車体に傷をつけたり、落書きをしたり、あるいは開店している商店に対して嫌がらせのビラを貼ったり、ネットで誹謗中傷を浴びせかけるなど、「自粛警察」と呼ばれる偏った正義感が国民の間に広がり不信と不安を煽りました。

一方で、世界経済が停止状態になったことで、水や空気など自然環境の汚染が停止し、大気中の温室効果ガス排出量も急速に低下していることも報告されました。それまで、温暖化防止キャンペーンや自然保護のプロパガンダがいくら声高に叫ばれても一向に止まる気配もなかった環境破壊の流れを、新型コロナウイルスがわずか1カ月で止めてしまったのです。

この原稿の最終校正をしている2020年7月段階で、日本を含め、中国・欧米の先進国では感染者数が減少して、医療現場が落ち着きを取り戻してきたことに合わせて、徐々に警戒態勢を緩めて、経済の再生を図り始めています。しかし、活動自粛が解かれて人々が街に出るようになると、再びクラスターと呼ばれる感染者集団が発生するという事態を繰り返しており、まだウイルスはしっかりと社会に潜んでいることが示されています。

さらにアフリカ諸国や南米での感染拡大が深刻化しており、ブラジルではジャングル奥地に住む少数原住民族にまでウイルスの浸淫が到達していることが報告されています。彼らは極めて小さな集団として外界から隔絶された環境で生き残っている部族であり、あらゆる感染症に対して免疫が乏しいため、新型コロナウイルスによって、その存続が危ぶまれています。公衆衛生の発達していない南の国々でも蔓延している現状から、このウイルスによる感染リスクは世界レベルで長期間持続するおそれが強いことを私たちは覚悟せざるをえません。

新型コロナウイルスによって、私たち人間は、自然の猛威を思い知らされると同時に、本書でも議論してきた人間が持つ特異的な「利他的」精神も試されることとなりました。このウイルスの恐ろしさは、エボラのようにかかった本人が死に直面するという恐怖ではなく、膨大な不顕性感染者がいることで、自分は平気でも、相手に感染させて、相手を殺してしまうかもしれないという不安と恐怖をもたらすことにあります。その一方で「自分さえよければいい」という人間の原始的かつ利己的な性《さが》も呼び起こします。

特に東京などの都市化が進んだエリアでは、自然の脅威からも離れ、経済活動に乗ってさえいれば、自分ひとりで生きていけるという環境が作られ、他人のことは知らない、他人のことより自分のこと、今の自分が大事、という利己性が優先される社会となっています。まさにウイルスにとっては格好の「住処」といえます。

今後、われわれがこのウイルスを制することができるか否かは、「利他行動」（つまり相手を思いやる心と行動）をちゃんと人間がとれるかどうかにかかっている、すなわち、現代人の

「今の自分が一番大事」という性から抜け出せるかどうかにかかっているといえます。しかも、新型コロナウイルスは瞬く間に全世界に感染拡大したことで、人類全体が、今まさに利他性と利己性というふたつの本質の間で揺さぶり続けられているのです。利己性に傾けば、ウイルスの思うツボであり、人間の負けとなる。ウイルスに立ち向かうためには、今こそ、利他的ヒューマニティーという、人間だけが持つ武器を発揮させる必要があります。今、人類全体が、人間社会に不安とともに広がる分断と対立を乗り越えて、連帯と協調によってこのウイルスに立ち向かわなくてはならないときだと考えます。

現在、世界中で科学の総力を結集し、このウイルスに対するワクチンや新薬の開発が進められており、いずれ、ウイルスをコントロールできる日は遠からず来るだろうと期待されます。しかし、私たちがまた元の利己的欲求に基づくグローバル経済社会、資源浪費型社会に戻ってしまえば、新たなるウイルスの災禍が繰り返されることになります。今回のウイルス禍からわれわれが学ぶべきことは、利他的ヒューマニティーへの回帰とともに、自然と共生する資源循環型社会を目指して生活を変容させることの必要性だと考えます。今の自分を最優先させる社会から、次世代を思いやり、ほかの生物種を思いやり、自然を思いやるという、利他的社会への進化……。新型コロナウイルスは期せずして本書で語ってきた人間社会の未来への可能性が試される時代をもたらした、といえます。

本書の発刊時には、少しでも日常が安定し、人間社会に光明が見えていることを祈念しています。

人間が絶滅しても生物は残り続ける

地球に生命が誕生してから38億年の歴史があり、この長い生物進化の歴史の中で、地球上の生物が大量に死滅する大絶滅が5回あったとされます。それらの絶滅の原因は、地質変動や隕石の衝突による気候変動とされます。

絶滅が起こったとき、その時点の種の90%近くが消滅することもおかしくはありません。そして、新たなる環境に適応する種が進化を始め、新たなる生物多様性が創り上げられていきます。

一方、現代は、6回目の大絶滅の時期を迎えているとされ、その原因は過去の大絶滅のときのように自然現象によるものではなく、われわれ人間の活動がもたらす環境破壊とされます。しかもその速度は、過去の絶滅速度よりも桁違いに速いとされており、まさに現代は生物史上最悪の絶滅の時代といわれています。

もちろん、現段階でこの地球上に生息する種数すら把握はできておらず、実際にこの絶滅速度が、生物種全体にどれだけのインパクトを与えうるものかの予測はつきません。

たしかに、近年、これまで身近に見かけていた生物たちがどんどん姿を消していることは多くの人が実感できることであり、その変化の速度に危機感を覚えることは普通のことだと思います。しかし、ここで大切なのは「もし、このまま生物たちが減り続け、生物多様性が大きく損なわれて一番困るのは、われわれ人間自身である」ということです。

生物多様性が減少し、生態系機能が損なわれれば、美しい水や空気、栄養豊かな土壌など、人間生活の必須基盤が維持できなくなり、生物学的に最弱な種である人間は、あっという間にその数を減らすことになるでしょう。

そして、人間が減って、その破壊が終息すれば、また生物たちは新たなる環境で進化を続け、新たなる生物多様性の世界が築かれます。つまり、生物たちはこれからも生き残り、進化を続け、多様化していくということです。むしろ環境の変化に耐えきれなくなって滅ぶのはわれわれ人間が先になる確率の方が高いのです。

また、現在のこの自然破壊が進んだ環境においても、生物たちは適応と進化を繰り返し、新たなる種も誕生し続けると考えられます。

すでに薬剤抵抗性を獲得した蚊やゴキブリなどの害虫は、姿形こそ元のままでも、その中身・生理機能は立派に都市環境に適応して進化しています。

アライグマやハクビシンなど外来種が都市環境に適応してしっかりと定着する現象も、新たなる「都市生態系」の進化を意味しています。生物たちは常に自分たちの生きていける場所や環境を探し求め続けており、少しでも自分たちが新しい環境で有利になるよう進化を繰り返します。そして、細かな環境の違いにも特化すべく種の細分化＝種分化が起こります。

＊

細かい種分化の例を挙げてみましょう。笹の葉に巣を作るスゴモリハダニというダニがいるのですが、このダニには近縁な2種が存在し、2種とも同じ笹の葉に生息します。狭い葉の上で、2種間は微妙な葉上の環境の違いによってすみ分けています。

しかし体の構造もそっくりの近縁の2種が近接して生息しているので、2種間には交雑が起こる可能性があります。場合によっては雑種ができて、遺伝的に同化してしまいます。あるいは、繁殖干渉といってお互いの卵子の受精を妨げてしまう現象が起きて、どちらかが滅んでしまうのです。いずれにしても種間交雑はお互いに集団を持続させる上で好ましくない結果を生みます。

そこで、彼らはお互いに同種を間違わないように体の一部分の長さを少しだけ異なるように進化させました。この2種のダニは、お尻の方に交尾器があり、オスとメスがお尻の先を交接

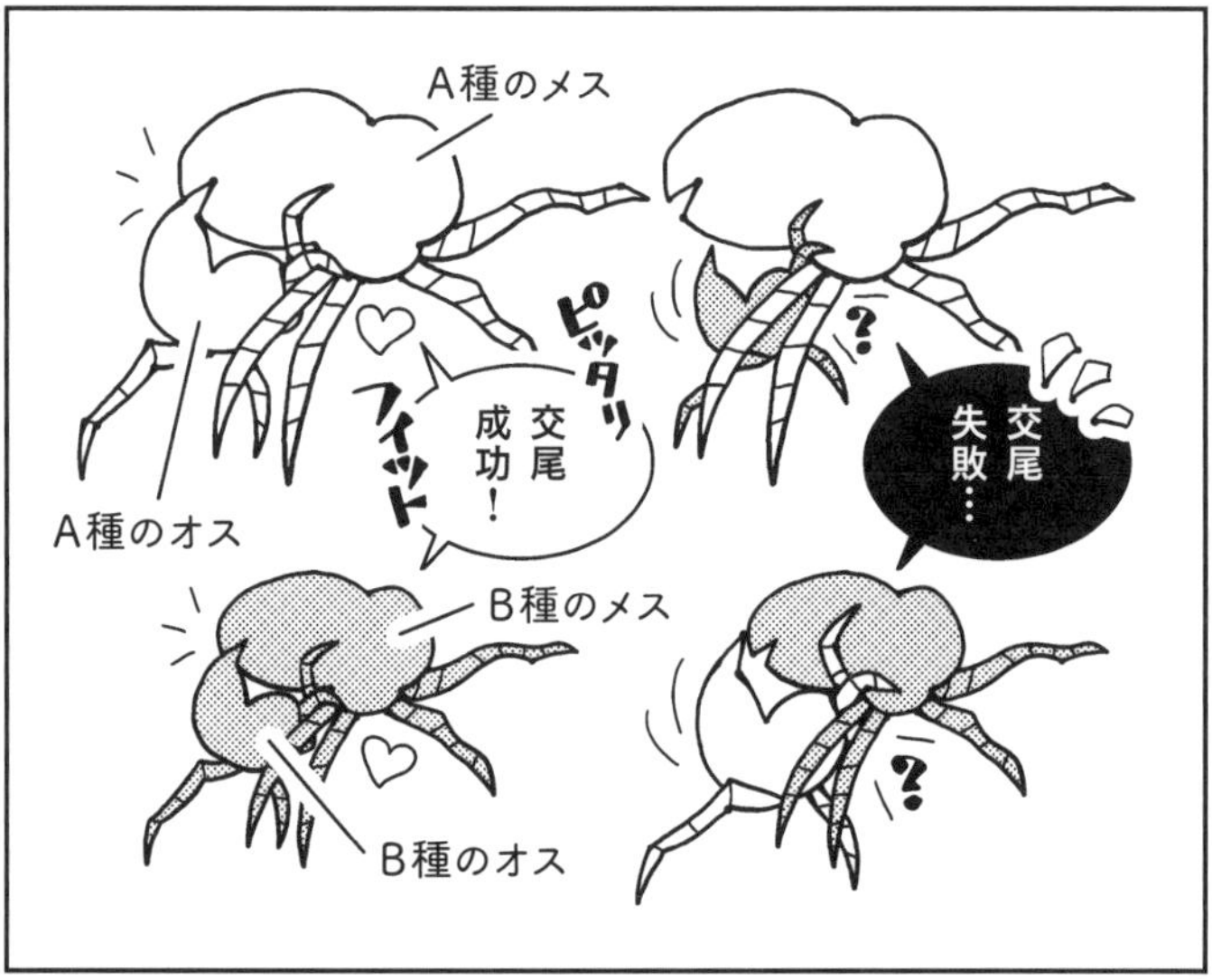

することで交尾が成立します。そのとき、オスとメスの体の長さが一致しないと交尾できません。2種間で、一方の種がオス・メスの体長をもう一方の種に対して、微妙に短く進化させたのです。その結果、異なる種間で交尾しようとすると交尾器までの長さがオス・メスの間でずれて、「あれ？入らない!?」と、交尾が成立しなくなるわけです。

この体長の微妙な違いによる種間交雑の回避、すなわち生殖隔離の機構は最近発見されました。まさにダニの種分化のための涙ぐましい努力というわけです。こんな微妙な差に気づいた研究者の努力も涙ぐましいですが（笑）。

こんな風にとにかく生息環境の微妙な隙

間があれば、そこに特化して、進化するのが生物です。人間によって環境がどんどん改変されても、生物は必ずたくましく、貪欲に新たな生息環境に適応して進化を続けます。たとえ90%の生物が絶滅したとしてもこの地球がある限り、生物はまた進化して多様性を復活させることでしょう。ただし、その進化の流れに人間という生物が追いつけるか否か、生き残れるのか否か、は定かではありません。

今後、人間はどのように進化していくのか

人類は500万年ほど前にチンパンジーと分化したとされています。以降われわれ人間は急速に文明と文化を発達させ、今では地上最強の生物として生態系の頂点に君臨しています。今後、人間はどのように進化していくのでしょうか？　未来の人間はどうなるのでしょうか？この先、何万年、何十万年と生き残り続ければ、新たなる人類への進化が起こるかもしれません。

人間も生物なので環境の変化に伴って進化はします。未来が極寒の世界になっていれば人間は再び毛むくじゃらな種となっているかもしれません。全世界が海水で覆われていれば、エラ呼吸して、足ひれのついた半魚人へと進化しているかもしれません。地球の自転速度が落ちて、

重力が大きくなれば、人間もワニのように地面に這いつくばった形へと進化し、逆に地球の自転速度が上がって重力が小さくなっていれば、巨大に進化しているかもしれません……。

それこそSFのように想像の世界は際限なく広がり続けます。生物の未来像はそのときの環境に依存するので、そう単純に予測できるものではないのです。

生物は環境変化の荒波の中で、遺伝子を改変するトライアンドエラーを繰り返しています。今の環境で不利と思われる形質であっても、環境が変わることで、そちらの形質の方が従来型より優位になり、主流になることもあるのです。形質の優劣の逆転劇、その繰り返しが進化なのです。

人間という種がこれからも進化していくためにも、あるいはまた、人間社会が発展を続けていく上でも、遺伝子の多様性は不可欠です。「多様性」は、未来につながる「可能性」を意味します。人間社会においても、豊かな社会の持続、発展のために、さまざまな個性やタイプの人間が生かされることが大切なのです。

第7章

私と生物学

人生を変えたダニとの出会い

この章は、少しテイストを変えて、私自身の話をしてみたいと思います。最近、テレビ番組にも出演するようになり、「黒ずくめの衣装とサングラス」がトレードマークとネットでもよく書かれていますが、そんな私の正体を少しだけわかってもらえるかもしれません。

私は今、国立環境研究所で生物多様性保全を専門として研究し、行政に働きかけるような仕事をしています。この仕事が自分に向いていたのは、実は「それほど生物が好きじゃなかった」ことが功を奏しているのかもしれません。「生物学者のくせに、生物好きじゃないのかよ！」と、これまで私の論文や著書を読んでくださったみなさまの中にはがっかりされる方もいることでしょう……。

実際、生物学という学問分野で仕事をされている研究者の多くは、子どものころはもとより、大人になってもずっと生物が好きな生物マニアがほとんどです。でも、どちらかというと私は生物より人間の方が好きなのです。人間の個性や思考回路、行動とその営みの方が圧倒的に興味深い。人間も生物だから、広い意味では、やっぱり生物学者として生物を愛しているといえるのかもしれませんが。もちろん、人間以外の生物も興味深いけれど、なにか決まった種に目の色を変えるといったマニア性は持ち合わせていません。

基本的には生物を愛してやまない人こそ生物学者としての優れた観察眼を持つことは間違いありません。でも、たまには私みたいな生物学者がいることも多様性の観点から大切なんじゃないかと勝手に思っています。恋は盲目という言葉にもあるように、生物を愛しすぎてその生物にしか目がいかなくなり、視野が狭くなってしまうことは科学者として、いいこととは思えません。

特に私が仕事とする環境科学においては、科学者として進化や生物を語るだけでなく、そこから得られた知識や法則を豊かな社会作りに結びつける必要があります。その目的のためには、「生物を愛してやまない、生物が一番大事」という、生物第一主義ではなく、人間社会の幸福を目指して、人間と生物界の間を取り持つ、社会学的観点を持つことが大事になります。

その意味で、自分は今の仕事には結構重宝される人材なんじゃないかと思うようにしています。でも、人間が一番好きだとはいえ、幼いころにはやっぱり生物にハマった時期もあり、そうしたころの経験や思い出が、今の生物学者としての自分を作っていることも紛れもない事実です。

ただ、私の気質としてある意味厄介な点は、一度興味を持つと、異常なまでに凝ってしまうところです。

少年時代は虫、プラモデル、洋画、青年になってからはバイク旅行など年とともに興味の対象は移り変わりましたが、その都度、趣味に凝ってきました。生物学もそうした興味の対象のひとつとなって、凝った挙句に、自分の仕事となったわけです。まずは、私の人生を変えたダニとの出会いから話していきましょう。

＊

私が在学していた京都大学農学部では、1、2年生で教養を学び、3年生から専門の実習が始まりました。必修課程なので、学生はひと通り研究室の実習を受けます。

当時は、バイオテクノロジー黎明期で、自分も遺伝子工学を学び、どこかの企業で儲かる研究をしようと思って農学部に入学していました。

そんな自分が、専門実習でダニに出会ってしまったのです。顕微鏡で初めてダニを見たとき、身体中に衝撃が走りました。「なんだ、これは！」と心の中で叫びながら、一心不乱にダニの動きを観察しました。そして、幼少のころの虫が好きだった感覚が一瞬で蘇ったのです。

今まで見たこともない小さな節足動物が顕微鏡の下で蠢《うごめ》いている。さらに一丁前にオス同士がメスの取り合いでケンカまでしている!! この「目で見えない」ミクロな世界に大きな魅力を感じて、あっという間に惹き込まれ、ひたすら飽きずに顕微鏡をのぞき続けました。

大学生になると異性や、バイクに興味が移り、虫のことなんて完全に忘れていました。それだけダニの衝撃、インパクトは絶大でした。

その日からダニ、ダニ、ダニ、ダニ漬けの日々となりました。

そして私が大学の卒論研究のテーマとして選んだのが、日本ではまだ研究が遅れていた「ダニの遺伝と進化」でした。害虫としてのダニの研究は盛んでしたが、あまりに小さく、扱いづらいこともあって、ダニの進化をテーマにした研究はあまり進んでいませんでした。

当時は、昆虫・ダニの世界では集団遺伝学が黎明期でした。昆虫のDNAを解析したというだけでその発表に学会中の人が集まるような時代でした。誰も研究したことがない新分野に興味をひかれたのです。

ハダニの観察と遺伝子解析の日々

私が研究対象にしたダニはハダニという植物に寄生するダニで、農業現場ではしばしば農作物の成長を妨げ、農業生産に悪影響を及ぼす重要害虫となります。

ハダニは、ほかのダニと同様に成長が早く、世代交代の期間も大変短い。1年の間にも何十世代と世代が変わります。飼育するのも小さな葉が1枚もあれば、何百匹と飼うことが可能です。だから一度にたくさんの種類や系統を飼育することができ、これらの特徴から、遺伝や進化の実験にもってこいの実験材料なのです。ただ、いかんせんサイズが小さく、体の特徴など、表現形質の違いを観察するのが難点となります。

自分は、そんな目に見えないハダニの遺伝的な多様性にすごく興味が湧きました。大学4年生からは、ハダニの遺伝学的研究を開始して、日々調査と解析に没頭しました。

具体的には、ハダニの一種であるナミハダニという日本全国の農耕地に生息する種に対象を絞りました。このダニが地域によってどれだけ遺伝的に異なるのかを調べ、本種の休眠性（冬に冬眠に入る性質）や薬剤に対する抵抗性などの特徴がどう進化しているかを研究しました。

ナミハダニのサンプルは、自力で全国を回って採集もしましたが、全国の農業試験場の人にも協力もあおぎました。ハダニは葉っぱにいるので、果樹や野菜などの葉の一部を切って、宅急便で送ってもらうのです。送られてきたハダニは一部を飼育に回して、残りを1匹ずつすり潰して、遺伝子の解析を行いました。

毎日毎日ハダニを観察して、遺伝子を解析して、あっという間に時間は過ぎました。私は大学院修士課程まで進学して、ひたすらダニ学を究めました。

＊

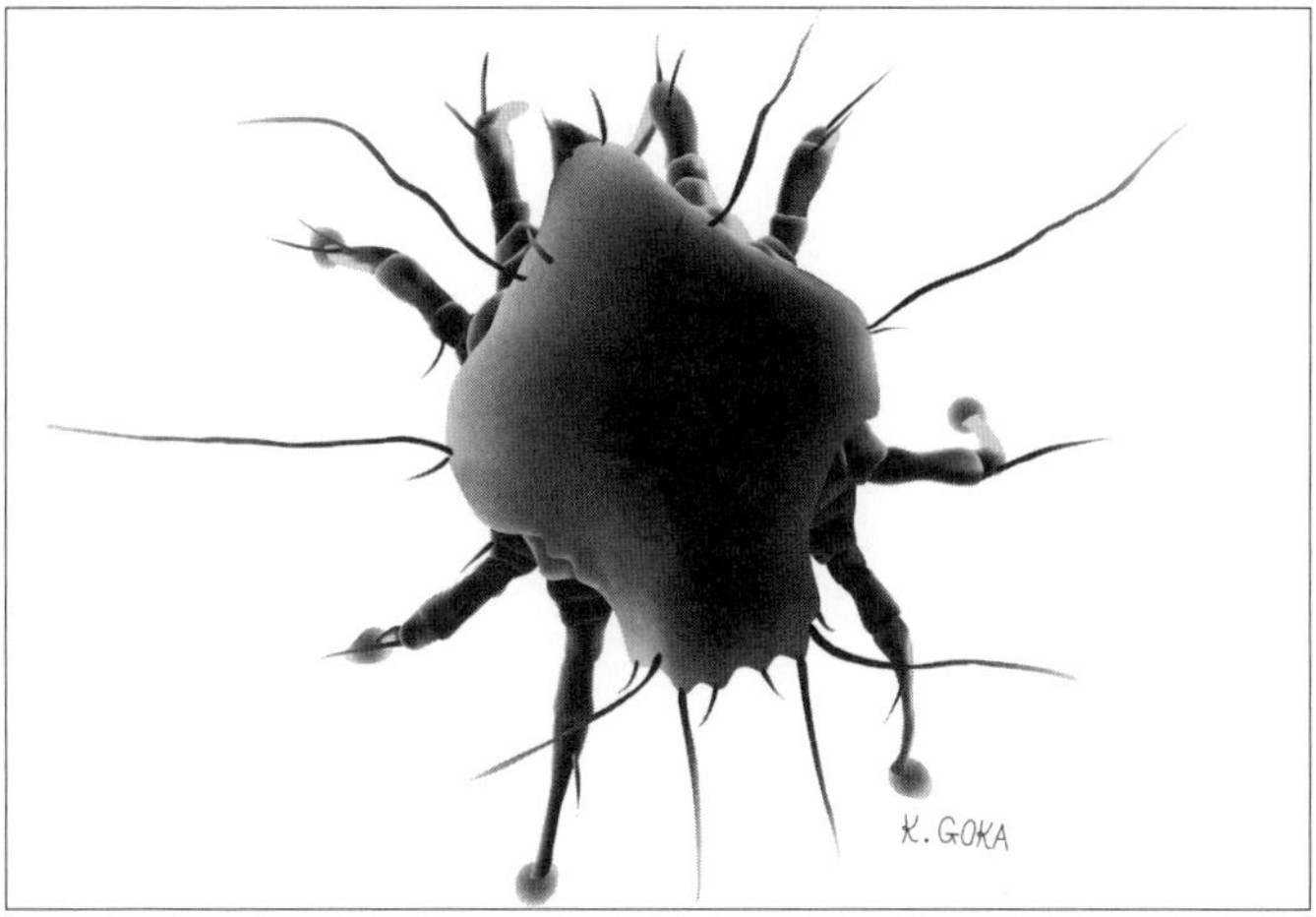

著者描画CG作品・クワガタナカセ

ダニに初めて出会った大学3年からもう30年以上経ちますが、ダニに対する好奇心やワクワク感だけは変わりません。現職においてもダニの研究だけは継続しています。

今でもやはりダニは見ているだけで「カッコイイ」と思ってしまいますね。昆虫のように胴体には節がなく、ひとかたまりの体に、足が8本、というシンプルな構造がたまりません。それでいて、種によって形態はさまざまで、生活様式にもバリエーションがある。CGアートにするのも実に楽しい。

出張先で、植物が生えているのを見ると、しょっちゅう葉っぱを裏返して、ダニがついていないか探してしまいます。特に遠い異国の地のダニとなれば、どれだけ遺伝的に特殊なのか、気になって仕方がありません。日本国内の場合でも、沖縄や小笠原諸島という離れたところのダニは気になります。

生物よりも人間が好きといいながら、ここまでダニにハマったのも幼少期からの経験や思い出があったからこそ。では自分はいったいどんな幼少期を過ごしたのか、今に至るまでどんな人生を歩んできたのか、振り返ってみます。

幼少期～富山の田舎町で過ごした生物観察の日々

私の生まれ故郷は富山県の高岡市になります。市内の中心部に近いとある町の商店街にある実家で暮らしていました。

当時の日本は、高度経済成長時代の真っ只中で、高岡の街にも活気が溢れてました。商店街には電気屋、魚屋、米屋といった小売店が軒を並べ、常に人が行き交っていました。夏休みになれば、商店街の通りに七夕の飾りが並べられ、夜店などで賑わい、町内会で運動会も開催されたりしていました。

そんな街からちょっと歩いて出れば、原っぱや田んぼが広がる田園地帯でした。小学校の帰り道、そんな田園地帯で、毎日のように昆虫採集をして帰っていました。

特にカマキリが好きで、採集した個体を家に持ち帰り、コオロギやバッタをエサとして与えて、カマキリがそれらの虫を捕えて食べる姿にそそられるという、典型的な飼育マニアの子どもでした。

昆虫のほかにも、アメリカザリガニやカナヘビ、カタツムリなどいろんな生物を捕まえては飼育していました。とにかく身の回りにはいつでもたくさんの生物がいる環境でした。

よく覚えているのは、秋になるとアキアカネ、俗にいう赤とんぼが群れを作って山から平地へ下りてくる風景ですね。富山平野は広大な稲作地帯なのでアキアカネの絶好の生息域だったのです。秋の夕暮れ時、空いっぱいを覆い尽くすほどのアキアカネが滑空している光景を今でもはっきり覚えています。

また、当時は多くの神社やお寺の屋根裏にコウモリが住んでいて、夕方になると、エサとなる虫を捕りに田園地帯を目指して一斉に飛んでいくのです。それを家（ビル）の屋上で眺めながら、たまに鋭く口笛をコウモリに向かって吹きかけると、彼らは超音波を使って飛行しているので、口笛の音波に驚いて方向を慌てて変えるのを面白がっていました。

捕まえてきた生物のオス、メスを室内で交配させて、卵を生ませて増殖することもやりました。周りの友達が割とすぐに飼育昆虫を死なせてしまう中で、飼育は得意な方だったと思います。うまく飼育するポイントは毎日面倒を見ることと、飼育環境をキレイにすること。カメやザリガニなど水を必要とする生物を飼育するときは、ちゃんと1日溜置きしてカルキを抜いた水を使用していました。好きなことだと手間を厭わなかったですね。そんな飼育に一番凝っていた時期は、小学校3年生から5年生ぐらいでした。

アメリカザリガニを飼育していたときは、稚エビ（子ども）を大量に生ませることに成功して、近くの川に放流したのを覚えています。翌年、近所の子たちが「わーわー」と歓声をあげながら、川で育ったアメリカザリガニを捕っている様子を見て、「みんなが喜んでる。いいことをしたなぁ」と思っていました。これって、自分の今の立場から考えたら、外来種の放流となるとんでもない行為です。偉そうにいっても、子どものころは自分も外来種を増やした張本人だったということになります……。

ほかにもクワガタからカブトムシ、カマキリ、マムシまでを飼育したことがあります。マムシの飼育ケースに捕まえてきたカエルを入れて、捕食シーンをずっと見ていました。観察するのが本当に好きで、飼育ケースを枕元に並べていたくらいです。勉強部屋には常に10個以上の飼育ケースが並んでいました。親はよく許容してくれたなと思います。

観察の対象としての生物も、ときに虐待の対象となりました。田んぼのオタマジャクシを空気銃で撃ったり、カエルを串刺しにして焚き火に入れたり、トンボを捕まえては羽を切ってみたり、さんざん、ひどい行為をしていました。

周囲にもそういう子どもたちがたくさんいました。思えば子ども時代は、人間の野性がむき出しになる残酷性を孕んだ成長ステージなんじゃないかと思います。生物を虐待することで、その残虐性を満たし、同時に生物は「無茶したら死ぬ」という真理を学び、死生観を備えた大人になるのではないかと思います。

今、子どもがこんな生物虐待をしようものなら、生命倫理に反する行為と、周りの大人たちが目くじらを立てることでしょう。でも、そんな大人たちも自分の子ども時代には多かれ少なかれ、似たような行為をした経験があるはず。問題なのは、虐待がとがめられるほどまでに身近な生物が減っているということです。私たち大人の責任は、かつてのように少々乱暴したぐらいでは減らないほどに、生物がわんさかいる豊かな自然を身近に取り戻すことではないでしょうか。

プラモにハマり、通信簿は1!?

小学校高学年ぐらいからは、プラモデルにうつつを抜かしていましたね。ある日、商店街を歩いていたら、『フランケン』という名前の新しいプラモデル屋が開店していることに気づきました。「なんだ、ここは?」と思って店内をのぞいてみたら、見たこともないプラモデル・キットが山のように陳列してあるんです。もうのぞいた先から興味津々！

その当時、プラモといえば、戦車や戦闘機などのミリタリーモノが主流だったんですが、このプラモ屋の店主はかなりマニアックな人物で、スーパーマンやバットマンなどSF映画キャラクターのキットや、フランケンシュタインやドラキュラ、魔女など怪奇モノのキット、あるいは恐竜のキットなど、日本では滅多にお目にかかれない海外産のプラモデルを仕入れて、販売していました。

初めて入店して以来、すっかり、このカルトな世界に魅了された私は、毎日のようにこの店に通いました。やがて、お店の2階にある工房に入り浸ってプラモ作りに没頭する日々を送るようになります。

特にその当時気に入っていたのがアメリカの伝説的プラモメーカー『オーロラ社』製の恐竜シリーズでした。

オーロラ社は1950年代に創業したプラモメーカーで、ミリタリーからキャラクターモノ、動物モノなど幅広く製造していましたが、中でも恐竜シリーズは秀逸で、ダイナミックな造形とでかいサイズ感が、今までのプラモデルの概念を打ち壊してくれる迫力がありました。

ただし、そこは大味なアメリカ製ということで、パーツ同士が合わないなんてのは当たり前で、パーツとパーツの接合部にはいつも大きなズレや隙間があるのです。それを専用パテで埋めて、形を整え、接合部を目立たなくさせるのが製作者の腕の見せ所という、実に味のある製品がそろっていたのでした。ちなみにオーロラ社は1977年に廃業しましたが、今でも根強いファンがたくさんいます。

このオーロラ社の商品キットを組み立て、さらに想像力を働かせて、恐竜に色付けをします。単純に筆でプラカラーをベタ塗りするのではなく、エアブラシを駆使して、ぼかしやマット感、立体感を出すように着色するのです。まさに恐竜キットをキャンバスに見立てた一種のアートを追求していました。それもこれも、すべて、このプラモ屋「フランケン」の直伝です。

こうして小学校から中学校時代まで、私は「生物飼育」と「プラモ製作」というオタクカルチャーにどっぷりと浸かって過ごしました。オタクとはいえ、当時の子どもたち、特に男の子にとっては、昆虫採集やプラモデルは結構マストな文化だったので、このふたつのカルチャーをがっちりと制覇していることは、それなりに尊敬の的でした。友人たちに指南をするということもよくしていました。

一方で、小学生のときはまったく勉強ができませんでした。というか、全然勉強が好きではありませんでした。通信簿の5段階評価では1という現代ではありえない数字をもらう教科もありました。学期末に通信簿をもらって、家に持ち帰って親に見せなくてはならないのですが、その日は家に帰らずに道草を食って、親の怒りに触れる時間をできるだけ短くしようとせこい努力をしていました。

それでも中学2年生の後半ぐらいからジワジワと将来に対する現実的不安にかられるように

なって、少しずつ勉強机に向かう時間も増え、やがて、「飼育」や「プラモ」の世界からも遠ざかるようになりました。

中学3年になり、本格的に受験勉強に打ち込むようになってそれなりに成績も上がり、富山県下でも優秀な部類の高校になんとか入ることができました。

高校は山岳部で〝ひねくれた優等生〟

高校に入学すると、それまでのオタクカルチャーからは離れ、山岳部に入部しました。

当時でも山岳部がある高校は珍しく、最初は物珍しさもあって入部しました。富山なので、北アルプスはまさにホームグラウンドであり、夏山登山を目指して週末は近隣の山でトレーニング山行《さんこう》をするという活動を続けていました。当時は登山用品も今ほど軽い素材のものが少なく、ザックもテントも炊飯用火器類もやたらと重くて大変でした。

しかも、高校山岳部は、ワンダーフォーゲルに近い競技登山を目指しており、高校総体で山行スピードやテントの張り方の技術を競うのです。だから景色を楽しむ余裕はない。「山を走って登る」なんて、今ではありえないことです。

日頃のトレーニングもひどかった。荷物のほかにスイカを一個のせて背負ったり、一升瓶に水を入れて山に持っていったり。ハイキング気分で入部したらエライことになりました。

それでも、下界から切り離された山頂に立つことは最高の現実逃避と達成感を味わわせてくれました。テントの中で友人たちと一晩中くだらない話に興じることはなにより楽しかった。ただ、山岳部ゆえに部員に女子がひとりもいなかったのは今から思えば寂しかった（笑）。

一方、下界での高校生活は、勉学に追われる日々。特に理数科という理系に特化した特進クラスにいたため、授業のカリキュラムが半端なくしんどくてついていくのは大変でした。

それなりに成績は優秀なポジションにありましたが、決して、「いい子」ではありませんでした。

例えば、夏休みの宿題でお金儲けをしたりね。夏休みに英語の本を一冊読破するという課題が出たことがあります。夏休み明けのテストは、本の内容から出題されることになっているので、全員、否が応でも読まないといけないわけです。そこで私は夏休みに入る前に、各クラスから英語が得意な学生を掻き集め、バイト料を払って、分担して翻訳してもらいました。

私はその翻訳原稿を集め、ガリ版で刷り、１冊５００円で夏休み前に販売したのです。もうバカ売れしました。人生初のベストセラー（笑）。集まったお金で、翻訳に協力してくれたみんなと宴会をしました。

当時はフジテレビの『オレたちひょうきん族』の大ファンで、毎週欠かさず見たいけど、週末が山行で潰れることが多く、どうしても見ることができない回がありました。私は高級品だったVTRデッキを買いたくて冬休みにダイエーのギフトコーナーでバイトしていました。

うちの高校はアルバイト禁止だったので、こっそりと面接を受けて、現場では高校の名前も伏せて働いていました。周りのバイトはみんな大学生で、特に女子大生の方々と仲良くなってデートに行ったりしました（笑）。楽しいことばかりじゃなく、接客態度、商品の取り扱い、勤務態度・姿勢についても厳しく指導してもらい、ある意味貴重な体験だったと思います。

そして、ついに貯まったバイト料で念願のVTRデッキを購入しました。やっぱり高校生ですから、考えることはひとつで、世間的にいういかがわしいビデオテープを入手し、夜な夜な友人を呼んで怪しい観賞会です。ただし、田舎の男子高校生なんてかわいいものです。そういうビデオを見ることが、あまりに新鮮かつ刺激的ですから、みんな正座をして文字通り「固唾を飲んで」見入っていました。

ほかに記憶に残っているのは、学園祭でクラスの文集を作るときに、特集ページとして、『朝まで生テレビ』風に座談会を開き、学校の先生の授業のやり方を徹底的に批評・批判し、記事にしました。それを読んだ教師は、当然カンカンになっていましたが、私は「痛いところを指摘されたからだろう」と意に介さずの態度を取り、余計に怒られましたね。

そんな感じで、いわゆる「問題児」の部類に入る生徒でしたが、成績だけは落とさないよう勉強では最大限の努力をしていました。校則から外れたことをするからには、成績の部分で文句をいわれないようにしなくてはならない、という自分なりの意地がありました。保護者面談では、母親が教師から「お宅の息子は周りに悪影響を与える」と告げられた、と聞いています。先生たちからしてみれば、実に扱いにくい、面倒臭い生徒だったと思います。決して読者のみなさんに真似しろといえる態度ではありませんが、それでもそんな学生生活はとても楽しかったと今でもしみじみ思います。

『ジョーズ』に感激！　映画監督を志す

今では、こうやって本を書くこともしていますが、実際の自分は本を全然読まない人間なのです。特に小説の類は、ほとんど読みません。多くの昆虫学者がバイブルと称する『ファーブル昆虫記』なんて、子どものころに図書館で立ち読みしただけで、まったく心に響くこともなく、結局読破はしていません（笑）。

高校時代に課題図書で読まされた夏目漱石の『こころ』なんて、なにが名作なのかさっぱりわからなかった。しみったれた三角関係の失恋物語にしか見えなくて、「これで感想文書けって、無理だわ」と思いました。自分とは真逆で母はかなりの読書家だったものですから、よく誕生日なんかに文庫をどっさり買ってきてくれて渡されましたが、ほとんど手付かずで本棚に並んだままになるのが通例でした。その後、妹は読んでいたようですが……。

とにかく活字で物語を追うことに全然関心が持てない人間だったので、今でもよく間違った語彙を使用してしまい、研究室のスタッフから「それ、使い方、おかしいですよ」と指摘を受けている始末です。

でも、そんな自分も、映像による「表現」、すなわち映画、特に洋画が大好きでした。

小学生、中学生時代は、文科省が定めた推薦映画しか映画館に見に行くことが許されていなかったのですが、自分はよく母親や親戚に洋画を見に連れて行ってもらっていました。

それで出会った衝撃の作品が小学校5年生ぐらいに見たスピルバーグ監督の『ジョーズ』でした。引き込まれるような映像技術に度肝を抜かれて、学校の授業をサボってまで何回も見に行きました。

それ以来、すっかり洋画にはまってしまって、小学校高学年以降、プラモデル作製と並んで、洋画鑑賞が趣味となりました。毎月、映画雑誌『ROADSHOW』や『キネマ旬報』を買いあさり、ハリウッドの新作情報や外国人スターのピンナップに胸をときめかしていました。周りの友人たちの間では、松田聖子や中森明菜といった日本人アイドルが流行している中で、自分だけジャクリーン・ビセットやファラ・フォーセット・メジャースに夢中になっているのだから、友人たちとは全然話が合わなかったですね。

『ジョーズ』鑑賞の衝撃以来、とにかくスピルバーグ監督に心酔して、彼の作品を片っ端から見ました。特に中学時代に見た『未知との遭遇』はジョーズ以上に大好きな作品で、これも何回も見て、シナリオの書き起こしまでしていました。

スピルバーグがジョーズを撮影したのは27歳、未知との遭遇は30歳。この若さで、世界的ヒットメーカーとなる作品の撮影を任せられるなんて、「スゴい」の一言です。その才能にひたすら憧れ、リスペクトしていました。

スピルバーグ以外にもジョージ・ルーカス、フランシス・フォード・コッポラなど当時一世を風靡した監督の作品も見て、それぞれの作風を分析していました。そんな中学生時代の自分の夢は映画監督になることでした。

ただ、高校生になると、その夢は、自分の中で「夢物語」と化し、「勉強して大学を出て普通に働く」というつまらない現実的な将来像に置き換わってしまいました。

やがて、高校3年生の受験の時期を迎え、大学進学を真剣に考えたときに悩んだのが「東大を受験するか、京大を受験するか」でした。当時、富山県では、進学校同士が東大現役入学者数で競い合っていて、自分が通っていた高校も東大受験を推していました。

そこで、赤本を読んだり、通信教育雑誌の解説や「先輩たちの声」などの投書を読んだりして、自分なりに両大学を分析しました。その結果、東大には、カリキュラムの厳しさ、窮屈さを感じてしまい、自分にはこんなエリート街道は無理と考えました。一方、〝自由な気風が独特〟という評価がとても魅力的な京都大学に心が傾きました。

ところが、また悩みのタネが出てきて、決断が鈍りました。それは、テレビのチャンネル数と映画館の数でした……。東京には当然のことながら、全キー局がそろっています。さらに大きな映画館もたくさんあります。映画好きの自分としてはたまらない環境です。しかし、京都にはテレビチャンネルがローカルのKBS京都だけ。映画館の数も全然東京には及ばないのです。これは悩みました。その後よく考えると、京都では、テレビは大阪からの放送が拾え、大阪まで出れば、映画館がいくらでもあることを知り、安心して京都大学進学を決めたのでした。

大学を決める前にもうひとつ悩んだのは、どの学部に進学するかでした。中学時代に抱いていた映画監督という淡い夢を封印して以降、あまり具体的に将来の職業というビジョンも持たないまま、勉強を続けてきました。いざ、就職まで見据えての進路という課題に直面して、私は悩みました。結局、成績を上げるという、実につまらない目的のためだけに勉強を続けていたことになります。

実際、高校時代は理系を選択し、理科(科学)の専攻科目も、小学生のころからあれだけ好きだった生物ではなく、物理と化学を選んでいました。それは、暗記科目の生物では受験の際に、高得点を狙うことが難しい、という、まさに受験対策が理由でした。その策が功を奏して、偏差値を上げることはできました。

ところが、いざ受験となって、物理・化学が生かされる研究分野とはなにか？　将来の就職先はどこになるのか？　と考えたら、行き着く先は工学系、土木系の分野ばかりで、自分にはまったく興味が湧かない世界だったのです。

そんなある日、テレビ番組でバイオテクノロジーの最先端といったテーマの特番を見て「あ、これだ！」と、急にひらめいたのでした。

昔、好きだった生物の世界に工学的技術が持ち込まれて、人間の役に立つ製品が作られ始めている——当時、新規開拓分野でもあった遺伝子工学という世界に急速に惹き込まれ、この新しい技術に自分も挑戦してみたいと思うようになりました。

その結果、京都大学の農学部に志望を絞って受験し、１９８４年に入学を果たしました。入学した当時は、「遺伝子工学で医薬品を作る」「発酵・醸造産業で新しい食品やお酒を開発する」なんて、商売っ気たっぷりの夢を抱いていました。でも、いざ大学生活が始まると、まるっきし勉強なんかしないで、連日のようにサークルの飲み会に出て、遊び呆けて、そのうちオートバイにハマり、中型免許をとってすぐにオフロードバイクを購入して、日本中をツーリングするようになりました。

当時は、今と違って、男子学生の間では割とバイクが流行っていて、夏休みともなれば、北海道や九州には後ろの荷物に小さな旗を立てて走り回るライダーがたくさんいました。自分も春、夏、秋と、暇さえあればテントを積んで、日本各地を走り、最終的には北海道から九州まで沖縄以外の日本全県を走破しました。

「バイクで日本周遊」のなにが面白いかといえば、走っているうちに風景や気候、言葉や食べ物の移り変わりを感じられることでしたね。まさに日本各地のローカリズム＝地域性というものを体感できました。

そうした地域性とともに日本の広さも実感できました。特に当時の北海道は道路開発が今ほど進んでいなくて、林道や砂利道ばかり。まさにまだまだ開拓の地といった雰囲気でした。

稚内という北海道の最北端まで行くとまともなキャンプ場もなく、代わりに駅の構内がテント村になっていました。駅前にバイク何百台とテント何百張りとが並び、実に壮観だったのを覚えています。当時は貨物列車でバイクを運ぶサービスもあり、本土と北海道を結ぶフェリーもライダーでいっぱいでした。

大学3年生の後半まで、そんなバイクツーリングにハマり続け、大学受験までの勉強の蓄積は、ほぼゼロになっていました。しかし、いよいよ4年生に向けて卒論研究のテーマを決めなくてはならないという3年生の終わりになってダニとの出会いがあり、ダニ研究に没頭する日々が始まりました。

もしかしたらレンタルビデオ屋の店長になっていた!?

入学してからの大学生活3年間は、これまでの人生でもっとも自由を謳歌できた期間だったと思います。今となっては、これだけでも京都大学を選んで良かったと思えます。

そして4年生になってからは心機一転し、昆虫学研究室でダニの研究に邁進しました。実験を重ねているうちに、さらに研究を深化させたいと思い、今度は大学院進学を目指すようになりました。しかし、さすがにこれ以上の進学には親も含めて富山の親戚一同からはクレームがつきました。

当時は自分の実家は母子家庭であり、大学院の学費まで親に頼るわけにはいかなかったのです。それで、なにか継続的なアルバイトをしなくてはならない、と思って始めたのが、たまたま大学近くに開店したレンタルビデオ屋のバイトでした。

日中は研究室で実験をして、夕方から深夜までビデオ屋で働きました。そうすると今度はそこで、接客業にハマったのです。毎日お客さん相手に映画の話をするのが楽しくて仕方ない。さらに職場には京大以外の大学生や、高専の学生もバイトに来ていて、実にバラエティとバイタリティに富んだ仲間がたくさんできました。毎晩バイト上がりにお酒を飲んで、将来の夢や愚痴を語り合っていました。

そんな楽しい毎日が続いていたある日、そのレンタルビデオ屋の店長に「うちの社長が市内に新しい店舗を作るといっているんだけど、五箇くん、この商売向いているみたいだし、店長やってみる気はない？」とスカウトされたのです。接客業と店舗経営の面白さに目覚めていた私は真面目に迷いました。

もう大学院の修士課程の入学試験も通過して、これから進学という時期で、大学の教官におそるおそる相談すると、教官から困った顔で「君ならなんでもできると思うけど、ここまで学んできて、ビデオ屋の店長になることはないんじゃないか」と諭されて、結局はおとなしく大学院に進学することにしました。

もし、あのとき、ビデオ屋の店長になっていたら、今、どんな人生を歩んでいたんだろう、とたまに思うこともあります。

修士課程進学後は、修士号を取るために真剣に勉学に励み、その当時のダニ学界では先進的なダニの遺伝学を研究テーマとして、学会でも注目を集める成果を挙げることができました。研究室の教官や先輩方からも、博士号取得のために、さらに大学院博士課程へ進学することをすすめられました。

しかし、さすがにこれ以上の進学には躊躇します。大学院に通っていた1988年から1990年は、バブル景気真っ只中で、大学の同期の友人たちや、高校時代の同級生たちは、みんな学部を卒業して就職しており、高給取りのサラリーマン生活を謳歌している者もたくさんいました。

博士号を取得するにはさらに3年間大学院に通わなければいけない。そうなると学費もかかる上に、社会に出るのが遅れることになる……。当時、研究室には博士号を取得できたのに、就職が決まらず、「オーバー・ドクター」として研究室に留まっている先輩が何人もいました。この研究業界は世の中のバブルとは無関係に、大学や研究所に空きポストがない限り、どんなに優秀でもすぐには就職できない、という現実を思い知るには十分でした。

「自分にはそこまでダニ学を純粋に究める能力も情熱もない、絶対、博士課程なんて無理！」と、進学は断念し、民間企業への就職活動を修士課程1年が過ぎたころから始めました。しっかりとリクルートスーツもそろえ、企業面接に出ました。

総合化学メーカーで農薬開発に携わる

バブルがピークを迎えていた時代だったので、就職は今では考えられないくらいの売り手市場で、面接を受けた会社のほとんどから内定をいただくことができました。その中から、就職先に選んだ会社が宇部興産株式会社でした。この会社の農薬研究部が新規の殺ダニ剤を開発中ということを知り、ここならダニ学の知識と経験を生かして即戦力として働ける、と思ったのです。

宇部興産はその社名の通り、山口県の宇部市を拠点とし、本社や工場、研究所もそこにあります。もともと旅好きだった自分にとっては山口県という本州の端っこにある、異国感を感じさせる勤務地も就職理由のひとつでした。6年間住んだ京都にも愛着はありましたが、街の狭さと人の多さに、少し嫌気がさしていたこともあり、会社見学で自然豊かな環境にある勤務地を見て、住んでみたいと思ったのでした。

実際に入社してからもバイクを新車で購入して、休日になれば海や山まで日帰りツーリングを楽しむことができました。なにより交通量が少なく、大自然の中を疾走できるのは本当に気持ちが良かった。夏に海水浴に行っても、日本海側の浜辺だとプライベートビーチのようにすいていて、しかも最高にキレイな海で、思う存分シュノーケリングが楽しめました。

会社での仕事も刺激的で面白いものでした。もともと宇部興産は、総合化学メーカーで、農薬事業は、バブル景気の際に会社が着手した新規事業でした。それゆえに、事業自体が黎明期にあり、私のようなぺーぺーの新入社員でも、農薬開発の一から十までを全部教えてもらって、全部自分でやらせてもらえたのです。

農薬の開発は、まずドラッグデザイン（新薬の構造式の提案）から始まり、デザインされた化合物の合成、室内レベルの殺虫試験、圃場《ほじょう》レベルの試験を経て、商品化に至ります。会社では、これら一連の行程に関わらせてもらいました。さらに学会や農家さん向けの説明会などで自社商品の宣伝をするというセールスマン的な仕事もありました。

農薬開発の工程をひと通り勉強させてもらえたのは非常に貴重なキャリアとなっています。大学の講義にも農薬科学がありましたが、どんな構造式の化合物がどんな生理作用で効果をもたらすのか、どんな風に化合物の構造を変えれば殺虫効果が高められるのか、各薬剤の生態系や健康に対するリスクとはなにか、などなど農薬のノウハウや裏の技術を学べるのは現場しかありません。

普通の企業では、こんな風に薬剤開発の始終に関わることはあまりありません。大きな企業では、業務が細分化されており、各工程に配置された社員がルーティンで同じ作業を繰り返す、いわば企業のひとつのネジとして働くのが通常です。その方が、大量の化合物をテストすることができるからです。

でも、会社の農薬事業部は創設されて間もなく、規模が小さかったこともあり、少人数で開発を進める必要があったので、ひとりの研究員が担当の薬剤を開発から商品化まで育て、面倒を見るという、ある意味、下町工場的なシステムと雰囲気を持っていました。

ただし、農薬を商品化するということは、決して簡単なことではなく、効果の高い新薬の発見なんて宝くじに当たるようなものだといっていいほど、確率が相当に低い。幸運にもそんな薬剤を見つけることができても、すぐにほかの会社が特許を見て、よく似た化合物を開発してくる。小さい市場をめぐって熾烈なメーカー間の競争が常に展開されるのです。

入社してすぐに効果抜群の殺ダニ剤が偶然発見され、開発担当が私に回ってきました。この薬は、それまでの殺虫剤や殺ダニ剤とはまったく異なる生理作用を示し、従来の薬剤の10分の1の濃度で効果を発揮するという大変殺虫効果の高い薬剤でした。農林水産省関連の公的な試験機関でのテストでも評判は上々。当時、ハダニ類は薬剤抵抗性が問題となっており、新薬の登場は大いに期待されました。

ただ、その生理作用のポイントがミトコンドリアという細胞内の呼吸をつかさどる器官における酵素の働きを止めることにあり、これによって細胞の呼吸を止めて、最終的に死に至らしめる——すなわち「息の根を止める」という効能だったのですが、呼吸系酵素はすべての生物で共通しており、この薬は、ダニ以外のほかの動物にも悪影響が及ぶリスクが高いものだったのです。

実際に毒性試験の結果、哺乳類や魚類に対しても強い毒性を示すことが判明しました。農林水産省の登録を得るために、毒性を緩和した製剤処方を改めて開発するのに時間がかかりました。農薬開発の歴史が浅い会社だったため、役所からの指摘に右往左往しながら、手間取っているうちに、他社でもうちの会社の特許をもとに同じ生理作用を持つ新剤の開発が進められ、数社に販売の先を越されてしまいました。大手のメーカーは販売力も強力なので、あっという間に全国の農業地域で先行剤が販売され使用されました。

この発売の遅れは、市場参入を困難にするだけでなく、製品の寿命を縮めてしまうおそれがありました。どういうことかというと、先行剤が大量に使用されて、野外のハダニがその剤に対して抵抗性を発達させると、同じ作用特性を持つうちの会社の殺ダニ剤も効かなくなってしまいます。この現象を薬剤の交叉抵抗性といいます。

販売する前から、野外のハダニが抵抗性を発達させていたら元も子もありません。私は、日本中の果樹園や畑からハダニを採集し、薬剤の感受性を調査しました。その結果、おおむね全国のハダニは、先行剤に対してはやや抵抗性を示しつつも、自社の薬剤の効果は十分に高く、まだ今なら販売しても大丈夫と思われました。ところが一地点のみ自社製品もまったく歯が立たない、超抵抗性のハダニ集団が存在していることが明らかとなってしまいました。その地点というのが、なんと自社のお膝元、山口県内の果樹園だったのです。

私は、この山口のハダニ系統を飼育して、薬剤抵抗性のメカニズム解明を急ぎました。結果、遺伝子の変異によって、あらゆる薬剤を分解する能力を進化させた系統であること、現在市販されている市販剤も自社の殺ダニ剤もこのハダニ系統が持つ同じ分解酵素で分解されてしまうこと、この遺伝子は、交配によって容易にほかの集団にも広がること、を明らかにしました。

自社製品も含めてあらゆる会社の殺ダニ剤がまったく効かないハダニ集団が存在する……。この抵抗性遺伝子は、いずれ全国に広まって、どの地域でも自社の殺ダニ剤は効かなくなる――その時間はおそらく相当に短いであろう。私は、この研究結果を大慌てで会社に報告しました。いずれ効かなくなる薬剤を市場に出すことは、会社としてやるべきではない。そう思って、報告会でも進言しましたが、会社の意向は、すでに開発してしまった薬剤をたったひとつの地方で見つかった抵抗性のために放棄することはできないでした。会社は予定通りこの新剤の販売を強行することを決定しました。同時に私にも、この研究成果を口外しないようにと命令が下りました。

この時点になって、ようやく私は企業という営利組織での研究の限界を思い知らされました。会社の利益の前では、科学的事実が捻じ曲げられたり、隠されたりするおそれがある……。研究者としての危機を感じました。

これまで10年近い開発の時間とコストをかけてきたのですから、少しでも利益を回収しようという会社の意向も理解はできます。自分も、販売の全面停止ではなく、薬剤抵抗性の遺伝子がまだ拡散していない地域の集団に対してのみ使用すれば、まだ効果は発揮されるし、ある程度利益の回収も見込めるであろう、だからきめ細やかなモニタリングがまず重要、と提案したのです。

しかし、結局はそんな意見は通らず、その新剤は大々的に全国に販売されました。もう効かなくなっている山口県も含めて……。

科学者がやってはならないこと

自社の薬剤が販売されて間もなく、ある夏の日に、ハダニの採集をさせてもらった山口県の果樹園に改めて御礼を兼ねて遊びに行きました。そのとき、汗だくになって農薬を撒いていた農場主のおじさんが「どの薬撒いてもダニが減らんのよ。お宅の会社の製品も使っているが、てんで効かない。なんでじゃ？」と聞いてきたのです。

答えに窮した私は、もう我慢できずに本当のことをいってしまいました。「こちらの農園に発生しているハダニは、とても強い抵抗性を発達させており、弊社の製品も効きません」と。

それを聞くや否や、「効きもしないもの、なんで売るんだ!!」と農場主さんは烈火のごとく怒り、私は怒鳴られました……。怒るのは当たり前のことです。農業生産者にしてみれば、生活がかかっている農場ですから、害虫が発生すればきちんと防除して、作物の生産を守る必要があります。だから、お金をかけて農薬を購入して、暑い夏の日にも滝のように汗を流して散布をするのです。

農場主さんの言葉は、本当に短剣のように自分の胸に刺さりました。「こんな所業は科学者がやってはいけないことなのだ……」と、私は強く思い知らされ、深く深く反省して、ひたすら農場主さんに頭を下げました。

このことがきっかけとなり「自分は真の研究者として生きたい。得られた成果をきちんと日本中、世界中に公表して、新しい科学的知見や科学的技術として公正に認めてもらい、社会に貢献したい」と強く思うようになりました。

そしてその思いを叶えるためには、博士号を取得して学術的・公的な研究施設へ転職するしかない、と考えました。

私は休みを取って、自分の古巣である京都大学の昆虫学研究室に相談に行きました。担当だった教授に「学術論文を書いて、博士号を取得したい」とお願いするためです。教授は、修士論文が割とよくまとまっているので、あと2年頑張って研究してデータを集めれば、修士論文のデータと合わせて、博士論文を仕上げることができるであろう、といってくれました。

それから2年間、私はアフターファイヴの時間に、上司の許可を得て、実験室で博士論文のための実験をさせてもらいました。「アフターファイヴ」といっても実際に会社の仕事が終わるのは18時から19時ぐらいで、それから深夜まで実験するという日々を過ごしました。

ひどいときは、寝袋まで持ち込んで、会社で夜を過ごしたこともありました。とにかく必死になって、データをとって論文を書いていました。当時、身長177センチの私の体重は50キロ台まで落ちました……。今でも人生の中で、特にしんどい日々だったと思います。でも、そんな過酷な状況の中、職場の同僚・仲間たちに支えられ、応援してもらえたこともまた人生の大切な宝となっています。

こうして地獄の2年が過ぎ、なんとか論文を仕上げて、無事に京都大学で博士号を取得しました。そして、そこから就職活動を始め、片っ端から大学ポストの公募に応募しました。

しかし、結果は全敗。

なかなか企業から大学へと転職することは容易なことではありませんでした。

そんなある日、以前に学会で飲み会をご一緒させていただいた先生から電話がかかってきて「国立環境研究所から募集が出ているから受けなさい。推薦状は私が書いてあげる」といわれ、当時、なにをしている研究所かもよく知らぬまま、藁にもすがる思いで、応募しました。

すると、ちょうどその募集が農薬などの化学物質による生態リスク研究を担当する人材を求めていたのです。民間企業の農薬研究部門に勤務していたことが買われて、なんとか国立環境研究所に就職することができたのでした。

＊

博士論文のテーマはハダニの遺伝的多様性でした。宇部興産での研究を通して、ダニ学者として改めて思い知ったのは、ダニという生物の生命力です。数年も経たずに薬剤抵抗性を獲得してしまうダニの進化速度には目を見張るものがあります。このたくましい適応力を支えているのは、ダニという生物が備えた遺伝子の多様性でした。

期せずして、私は「生物多様性」という概念を、ハダニの薬剤抵抗性から教えられたのでした。大学時代にダニ学にハマったおかげで、私は最終的に生物多様性の研究者という道にたどり着けたのです。

そして、民間企業に就職したことで、研究活動におけるコスト意識が身についたとともに、社会に対する科学的貢献という責任とはなにかを深く学びました。なにより、殺ダニ剤開発では、科学は真実を曲げてはいけないことを痛感することとなりました。

自社製品の殺ダニ剤は、その後、販売されましたが、予想通り、全国で抵抗性の発達が報告されるようになり、1年も経たないうちに売れなくなってしまいました。最終的には原体回収という事態となり、会社に大きな損失をもたらしました。それが元で農薬研究の事業部も廃止……。私が会社を出て、３年ほど後のことでした。

大手メーカーのシャンプーで背骨が曲がる⁉

国立環境研究所に入所してからの初仕事は、さまざまな化学物質の水生生物に対する毒性実験でした。ミジンコやメダカなどの試験生物を用いて、化学物質による悪影響を試験しました。この研究で私はいきなりメディアの注目を集めるデータを発表することとなります。

もともと農薬開発を経験してきた自分としては、農薬、特に殺虫剤の多くが水生動物にも多かれ少なかれ効果を示すことは常識として捉えていたので、日常的に生活排水として排出されるシャンプーや家庭用洗剤の成分の生態リスクに興味が湧きました。

調べてみるとシャンプーや家庭用洗剤のリスク管理は、厚生労働省管轄で、それらの製品による環境影響データが希薄であることがわかりました。そこで、研究室のみなさんにお願いして家庭にあるシャンプーや洗剤をサンプル瓶に入れて持ってきてもらって、各製品の毒性試験を行うことにしました。

試験の方法は、シャンプーなどを薄く溶いた水にゼブラフィッシュという小型の観賞魚の卵を入れて飼育し、正常に胚発育するか、正常に孵化するかを観察して、シャンプー成分の影響を調べるというものでした。この方法は「胚発育毒性試験」と呼ばれ、特に感受性が高い胚発育過程を対象に試験することで、化合物の毒性を高感度に調べることができるのです。

この試験法で集めたシャンプーや洗剤が魚の胚発育に及ぼす影響を調べました。すると、フケかゆみを抑えるシャンプーを10万～１００万倍と超薄く希釈した水で飼育したゼブラフィッシュの卵から、背骨がぐにゃぐにゃに曲がった稚魚が生まれることが観察されました。

こんな強い催奇形性が出るとは思ってもいなかったので、大変驚きました。そこで奇形が生じたシャンプー製品の成分表を見てみると、「ジンクピリチオン」という物質が共通して入っていることがわかり、この物質の原体を入手し、原体だけで同じ試験をして、やはり同様の催奇形性が認められたことから、これが原因物質であると特定しました。

しかもその半数影響濃度（50％の個体が奇形になる濃度）は５ｐｐｂというかなり高い数値であり、現在使用されている農薬よりも毒性が強い部類の薬品であることが示されました。

日常的に使われている製品の中に、これほど環境毒性が強い物質が含まれているということは、今まで気づかれなかったリスクであり、環境科学においても今後注目すべきことだと思い、私はこの成果をすぐに論文としてまとめるとともに、学会で発表しました。

「シャンプーで魚の背骨が曲がる」という現象は、やはりインパクトが強く、発表会場にはたくさんのメディアが殺到して、取材ラッシュとなり、翌日にはたくさんの新聞に記事が掲載されました。自分の中では初のメディア・デビューとなる研究成果でした。

自分が発信した成果が、こんなに世間を騒がせるなんて、予想もしておらず、そのときの私は相当にうろたえました。そして、そんな私をさらに驚愕させる事態が起きました。なんと、そのシャンプー製品を製造販売している会社の研究開発員が、私の研究室に「売れなくなったら、どう責任取ってくれるんだ!?」と怒鳴り込んできたのです。

これには、大変驚きました。責任もなにも、こちらは科学的データを取得して、ありのままに科学論文として、しかも国際一流誌に投稿して掲載されているのですから、科学的データを引っこめろ、といわれているも同然で、さすがに研究者

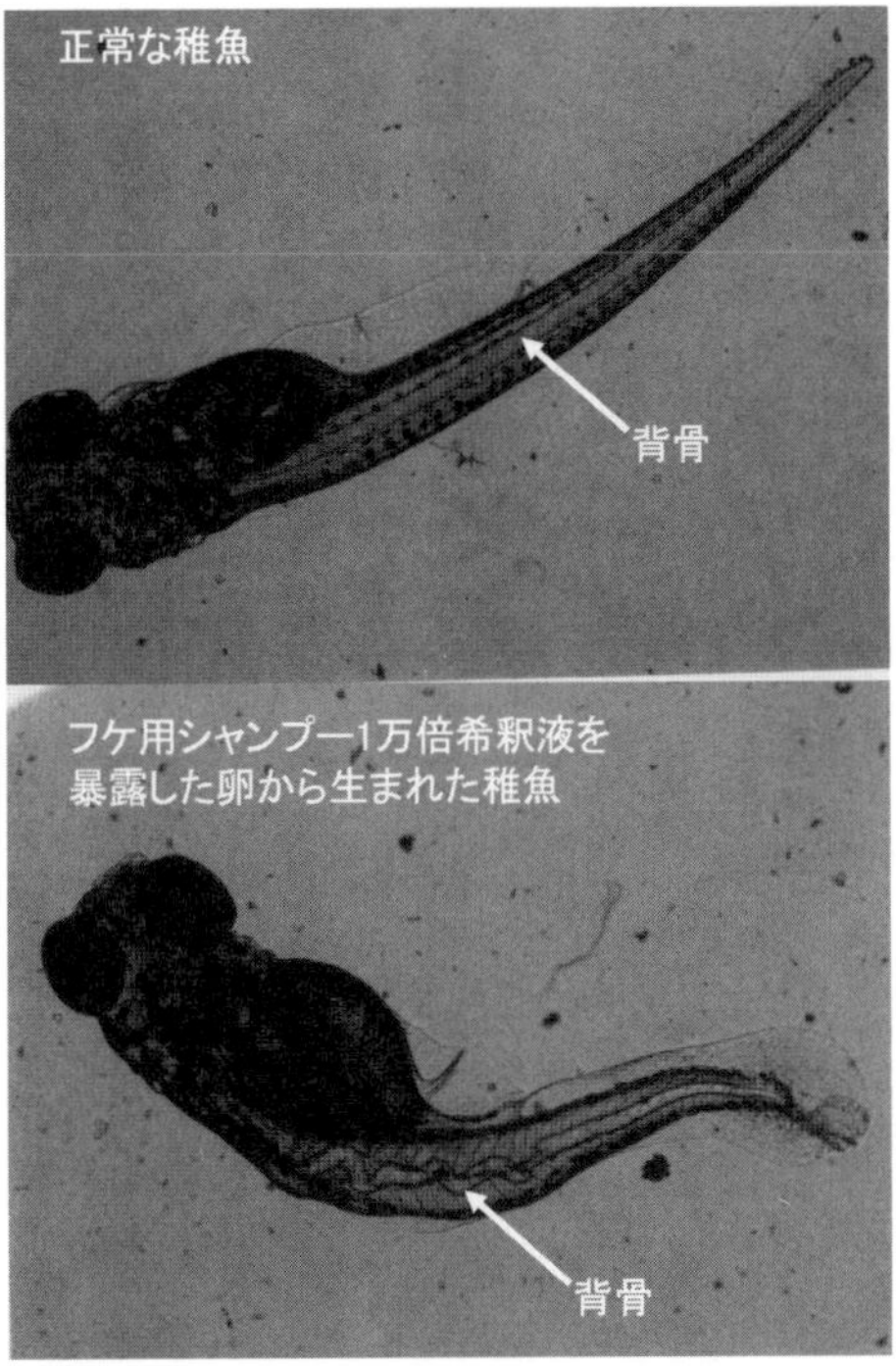

Goka (1998) Environmental Research より抜粋

としてこのクレームは受け付けようがありませんでした。

「とにかく、反論があるならば、正式に反論データをそろえて、学会に発表しにきていただきたい」と言い返して、お引き取り願いました。それにしても、研究室にまで乗り込んでくるとは……。あとでわかったことですが、そのシャンプー製品は、当時、一家に1本あってもおかしくないほどのマンモス商品で、しかも「ジンクピリチオン配合」が宣伝の謳い文句になっていました。そのジンクピリチオンに環境リスクがあるといわれてしまったのでは、商品に「傷」がつくわけですから、会社が怒り狂うのも無理はありません。

このとき、私は環境科学がもたらす社会的影響というものを強く思い知らされました。だからこそ、どのような環境問題であっても確固たる科学的データを取ること、そしてそれを専門分野においてオーソライズされた学術論文として発信することが重要であることも、改めて心に刻みました。

その後、10年以上経った2010年に、その会社の方々が、研究室に謝罪に来られました。自社試験でも、やはり背骨が曲がるという奇形が確認されたということで、もう商品にはジンクピリチオンは含まれていないとのことでした。また、公衆衛生が発達し、毎日シャワーを浴びる生活様式になったいま、もうこの化合物を入れる必要性が低くなったことも、配合をやめた大きな理由になっていました。

このシャンプーが発売されたのは１９７０年代。まだ各家庭に風呂が備わっている割合が低く、週に数回、銭湯に行く生活が主流だった当時は、フケかゆみで悩む人も多かったでしょうし、そんな時代にはこのシャンプーは大変重宝されたと思われます。化学物質がもたらす功罪を如実に表したエピソードでもありました。

研究者はすべからく論文を書くべし

今や環境の世紀といわれ、温暖化対策や生物多様性保全といった問題に対する研究者の活躍も大いに期待される時代になりました。そんな時代の趨勢の中で、私自身も奇しくもダニ学者から環境科学の研究者へと成長しました。国立環境研究所に入所して以降、私は生態リスク、すなわち人間活動が生物多様性に及ぼす影響を調べ、その対策を開発することを任務として研究を続けてきました。

最近では、生物多様性で起こった異変が逆に人間社会に深刻なリスクをもたらす問題（例えば、新興感染症など）についても研究プロジェクトを立ち上げ、推進しています。

今、進めている研究は、人間生活に密着した問題解決のための応用的研究といえます。国立環境研究所は環境省からの予算で動く研究所です。当然、その予算ベースは国税であり、国民や行政に役立つ成果を上げることが究極的なミッションとなる以上、応用的研究に力を入れることは研究員の当然の務めといえます。

一方で、こうした応用的研究を進める上では、基礎的研究による知見・データが不可欠です。生物多様性を保全しようと思えば、まず、遺伝子、種、生態系というさまざまなレベルでの生物学的メカニズムを解明する必要があります。基礎があって応用があるのです。

その意味では、自分の基礎であるダニ学も、今の業務である環境保全の研究にとって重要な学問となります。

例えば、現在調査を進めているSFTS（重症熱性血小板減少症候群）といわれる感染症は、マダニという吸血性のダニに咬まれることによって感染する病気で、日本では2012年以降に流行している新興感染症です。この感染症の分布拡大を抑制することが研究の課題となっていますが、そのためにはまず、マダニの分類や生態をよく知っておく必要があり、そうした基礎情報は、まさにダニ学における基礎研究による成果が重要なベースとなっています。

そもそも、自分に生物多様性という概念を気づかせてくれたのも、ハダニの集団遺伝学的研究でした。ダニ学は今の自分にとって、環境研究を考える上での重要な土台となっています。

また、最近では、ヒアリが海外から輸入されたコンテナに紛れて日本に持ち込まれていることが発見されて、その定着と分布拡大を阻止するための対策が早急に立てられましたが、その際に、このアリの生態学的特性にかかわる基礎情報が大いに役立ちました。このケースでもアリ学という基礎的な研究成果の蓄積があったからこそ、ヒアリの防除対策という応用研究が成り立ったのです。

特にこのヒアリ対策に際しては、研究者たちが最新の研究成果や知見を学術論文として発表したことで、行政に対し予算を確保する科学的根拠となりました。

近年、基礎科学に対する財源が減り、予算に対する成果主義が求められる傾向が強まっていることが、研究者の間でも問題視されています。基礎研究の多くはすぐには具体的な「社会的にインパクトのある成果」に直結するものではありません。ありていにいえば、ダニの新種の発見、ダニの交尾に関する新事実などは、極めてマニアックな科学的知見であり、一般社会にはなんの役にも立たない、どうでもいい話です。

それでもこうした科学的知見の積み重ねで、科学は進歩し、進化してきたのです。城の石垣を作り上げるときも、大きな岩の間に、細かな石が噛むことで頑強な石垣が構築されます。そうした基礎があるからこそ立派な天守ができるのです。

しかし、ここで肝心なことは、応用の土台となる基礎科学の知見も論文という形で具現化されていなければ、使い物にはなりません。「言説」にすぎない架空の基礎に基づく応用科学など、まさに「砂上の楼閣」です。

学術論文は、ピア・レビューといって、雑誌に掲載されるまでに、その論文のテーマに該当する専門分野の研究者たちに査読され、その内容や論考について科学的妥当性が審査されます。内容に不備があれば、修正や補足が求められ、場合によっては、リジェクト（掲載不可という判定）されることもあります。一般的に最初に書いた原稿がそのまま受理されることは、まずありません。

論文の筆者は、査読者の審査結果に対して、自分の考え方を貫き、徹底的に説明して、立ち向かうか、あるいは、査読者の意見を受け入れて修正するか、いずれかの作業を強いられます。科学とは真実を追求する活動ですから、その成果物としての論文において、ほかの研究者から見ておかしいと指摘された部分に対し、研究者は明確に応答する義務があります。自分の考えや文章が否定されるのはつらいことですし、修正には時間もかかるし、なにより英語で書かなければいけないし、論文執筆はまさに茨の道です。

しかし、論文が完成し、世に発表されたときの喜びこそが研究の醍醐味であり、そこまでできて、初めて研究は完成するのです。この研究の完成という喜びを知っている人間こそ真の研究者だといえます。

今、日本には86万人を超える研究者がいるとされ、研究者の数自体は他国と比較して決して少なくはないのですが、近年、発表される科学論文数は、他国に比べて少なくなっていることが指摘されています。

　自分たちが学生のころはパソコンなんて研究室で共有するぐらいで、とても個人で所有することなんてできない時代でした。ウィンドウ機能なんて当然まだありませんでしたから、論文の図表のほとんどが手書きでした。地図をトレースし、グラフにスクリーントーンを貼り……と、まるで漫画家のアシスタントのような作業をして作図していたのを思い出します。

　インターネットもないので、海外の論文を引用しようと思えば、大学の図書室に行って、文献複写依頼を申請して、早くて数日後にコピーが届く、という非常に手間と時間がかかるものでした。

　そんな時代から見れば、今はノートパソコンを持ち歩き、どこでもインターネットで情報を集めることができて、さらに作図ソフトを使えば、色とりどりのイラストを簡単に作ることもできる——まさに、論文を書く上で、とても便利で理想的な環境が整っています。

　にもかかわらず、論文数が伸びない理由は、書く気がない研究者が増えてしまったという根本的なダメ理由（笑）もあるかもしれませんが、最大の要因は、書く気も書く能力もあるのに、書く暇がない、ことが挙げられます。

　それは、つまり、研究者に課せられる雑用の多さが要因となっています。特に大学では、学内で頻繁に教授会などの会議が開催され、学生指導、しかも研究以外の日常生活にかかる指導があり、さらに予算の計算、報告書作成などなど、研究以外に消費される時間が膨大となっています。

国公立も含めて大学は21世紀に入ってから、すべて「法人化」されました。極端ないい方をすれば大学の企業化が行われたのです。

つまり、大学は純粋な教育機関から、学生を集めて授業料を確保するとともに、研究予算も競争によって獲得する、商業的機関へと変貌してしまいました。その結果、どんなに優秀な研究者であっても、大学や研究室の運営に奔走して忙殺されてしまう。そしてすぐには役に立たないという理由で研究予算が削られてしまう厳しい成果主義がさらに研究者を追い詰めています。

最近（2019年）にも、あのiPS細胞研究で先端を走る、日本が誇るノーベル賞受賞研究者・山中伸弥教授の研究プロジェクトに対して文部科学省が予算を停止するという申し入れをしたことが大きな話題となり、批判を呼びました。これが現在の日本の研究環境が抱える不都合な真実なのです。

＊

前にも書きましたが、私が勤務する国立環境研究所は、環境問題の解決が任務であり、環境政策への貢献および国民生活の向上が意義と目標となります。私が率いる研究室でも、スタッフである研究職員たちには、常に研究成果の発信を具体的なノルマとして示し、必ず得られたデータを論文にするようお願いしています。そして可能な限り、自分の知見や経験則を生かして論文作成の指導やアドバイスをするよう心がけています。

黒ずくめファッションの理由とは⁉

最後に、話を今の私個人の情報に戻して、終わらせたいと思います。

本書の帯にも写真が載っていますが、「テレビでも話題になっている黒ずくめの服装」の理由を知りたいと思う人はいるだろうと思いますので、一応、説明というか経緯をお話しします。私のこの黒ずくめのファッション・スタイルは2000年くらいから20年近くずっと続いています。

映画が好きだからといって、『スター・ウォーズ』のダース・ベイダー、『マトリックス』のキアヌ・リーブスを意識したというわけではありません。パンクやメタルの影響があるのかと聞かれることもありますが、音楽も一切関係ありません。単純に好きだから着ているだけで、なにかの模倣や憧れじゃないのです。

きっかけは2000年ごろ、たまたま出張帰りに横浜の『コムサイズム』で、黒を試着したら、自分的に、とてつもなく似合った気がして、これこそが自分のカラーだと一瞬にして思い込んでしまったのです。以来、私の性分である〝凝り性〟が働き、「黒ファッション」の人生がスタートしました。

虫やプラモ、バイク、ダニと同じく、その日から〝黒〟にドハマリして、世の中で売っている服は、黒しか見えなくなってしまいました。そのうち周りの人も、私が黒以外を着ると違和感があるといい始め、黒しか着られなくなったのです。

もうひとつのトレードマークになっているサングラスは、高校時代に山岳部に所属して、山歩きをしているときからかけ始めたのですが、やっぱり高校生ですから、イキがって、山から降りてもかけ続けて学校に通うようになりました。

当然先生にもよく注意されましたが、めげずに教室内では色が薄くなり、普通のメガネのように見えて、外に出ると黒くなってサングラスとして機能する偏光レンズにかけ替えて、先生の目を欺いていました。

そんな感じでかけ続けてきたもんだから、今や身体の一部みたいに感じてしまい、外せなくなっちゃいました。でも、最近頻繁にテレビに出るようになると、街中でも顔バレしてしまうこともあるので、逆にプライベートの時間には外して移動することが多くなりました。サングラスを外すと、自分だと認知してもらえず、待ち合わせで困ることも多々あります（笑）。

テレビ出演によって、環境問題への間口を広げる

黒ずくめの服装とサングラスはテレビ出演用の衣装かとよく聞かれますが、前に説明した通り、テレビに出るはるか昔から、このスタイルで生きていました。では、テレビに出るようになったきっかけはなんだったのかということもよく聞かれます。

今の研究所に転職して以降、外来種や農薬などの環境問題を研究するようになり、成果が発表されるたびに、テレビや新聞のニュース取材を受けてはいました。

特に2000年ごろに外国産クワガタムシのリスク評価研究をしていたときは、ちょうどクワガタムシの飼育ブームがピークだったため、夏には毎日のようにテレビ取材がやってきて、かなりのメディア映像に顔が出るようになりました。

そしてCOP10（生物多様性条約　第10回締約国会議）が愛知県名古屋市で開催された2010年にNHKの生物多様性関連の特番に出演したのがバラエティ番組の最初の出演でした。そしてその年にTBSの『どうぶつ奇想天外』で子どもたちに大人気だった爬虫類学者の千石正一先生から、「ちょっとTBS本社に来てくれ」と呼び出しの連絡をいただきました。

千石先生とは研究を通じてお付き合いがあって、とても懇意にしていました。TBSでお会いしたら、先生から「TBSで新しい科学バラエティ番組が始まるんだけど、先生、生物の専門家として出てくれないか？」とお願いされました。いってみれば、千石先生からバラエティ番組のバトンタッチをいただいたことになります。

その新番組が『教科書にのせたい！』でした。毎回、たくさんのお笑い芸人やタレントさんがゲストで呼ばれ、観覧のお客さんも入る、本格的な民放バラエティで、出演を引き受けたときは自分でも大丈夫か？　とかなり不安に思ったのを覚えています。

でも、いつも通りの黒装束にサングラスという出で立ちで出演したら、その格好だけでウケて、メインパーソナリティのナンチャンこと南原さんにも初回から「え、生物の先生だったんですか!?　てっきり不動産業界のプロかと思った！」と突っ込まれたりして、すっかりレギュラーとしてハマってしまいました。

この番組がきっかけとなって、その後、『TVタックル』（テレビ朝日）や『たけしのニッポンのミカタ！』（テレビ東京）、『世界一受けたい授業』（日本テレビ）など、知識系のバラエティに次々と呼ばれるようになりました。そんなこんなで、仕事や芸能活動に忙しくしていたら、2014年に大病を患って、5カ月も長期入院する羽目になったのですが……。

入院中でも出演のオファーが来て、初の一時外出がテレビ番組のスタジオ収録という、医者も笑ってしまう、困った患者になっていました。

そして、２０１５年にフジテレビの『全力！脱力タイムズ』に出会って、この原稿を書いている今も、レギュラー出演させてもらっています。

こうしたバラエティに出ることは、結果的には本来の研究業務においても大きなプラスの効果をもたらしてくれています。

例えば、ＮＨＫの『クローズアップ現代』のような硬い番組でも、自分が出演することで、「脱力タイムズに出ている先生がＮＨＫに出ている」といって、みんながチャンネルを合わせてくれる。つまり環境問題という硬い話題の間口を広げてくれるという効果がバラエティ番組にはあるということです。

つい最近にも、ヒアリが東京都内で巣を作っているという事態がニュースになりました。そのときも私がＮＨＫで解説している映像が『脱力タイムズ』つながりで話題となりました。こうした話題作りで、多くの人にヒアリへの関心を持っていただけたなら、普及啓発としては大成功ということになります。

＊

私は外来生物などの環境問題を今の生業にしていますが、実際にもっとも関心があるのは、

「環境問題に関わる人間社会や人間模様」です。外来生物問題も、人の価値観によっては単純に外来生物を悪者と決めつけることができないことが多く、防除にあたっては、その外来生物が持ち込まれた理由や、これまで減らすことができなかった原因などを人間社会の中から探り、解きほぐしていくプロセスが自分としては一番興味深く、やりがいを感じる部分でもあります。

知識や技術だけ提供しておしまいではなく、外来種防除の意義や意味を説明して、同時にさまざまな意見を聴取して、合意形成のポイントを探し出す。その過程にある人間模様が面白い。やっぱり虫より人間の方が好きなんですね。当たり前のことではありますが。

もともと子どものころから好きだった虫の飼育やプラモデルにしても自己満足というより、人に見せることが好きだった。水生生物のアクアリウムに対して、陸生動物の飼育環境をテラリウムというのですが、私は虫が動くミニチュアの世界を見せて、人を驚かせること自体が喜びだったと思います。

自己顕示欲というより、自分が作ったものを見せたい気持ちが強い。だから自分の研究はなるべく面白いネタでやりたいし、成果で人を驚かせたいという思いを持ち続けてここまでやってきたと思います。

研究発表のプレゼンテーションも、カラフルなスライドを駆使して、聴衆のみなさんを私が愛するダニ・ワールドに引き込ませたいと思って作っています。研究にもエンターテインメントがあればみんなが関心を持ってくれる。常に聴き手が満足するプレゼンテーションを提供したい。だから、講演は常に一期一会の精神で、決して手を抜かないように臨んでいるつもりです。２０１９年は約１００回講演をしました。もし機会があったら、ぜひみなさんも一度聴きにおいでください。

＊

私自身が関わってきた生物学や、生態学、環境科学といった分野は、実はわれわれ人間が生きていく上でとても大切なことを示してくれる科学であるということを、本書を書いていて、改めて感じることができました。でも、この分野では、とかく専門家は真面目に難しく物事を語りたがる。それだけだとどうしても多くの人に興味を持ってもらうことは難しいですよね。

だから、この本は自分では、できるだけ多くの人に面白く読んでもらいたいと思って書いたつもりです。もちろん中にはシリアスな話題もありました。それも「こんな世界を初めて知った。意外と面白いところがあるんだ」と読んでる方に受け止めていただけるように自分なりに表現を工夫してみました。そんな意図が少しでも功を奏していれば嬉しいです。

あとがき

私はたしかに生き物を飼うのが、好きでした。でも、「生き物が友達」とか「生き物を愛してやまない」という虫オタクだったわけではありません。

自分がダニや生物に興味があるから研究しているにすぎない。生き物はハマったモノの一部で、ほかにも凝ったものはたくさんあります。

今のところは、生物の研究が生業にはなっていますが、その究極命題は「人に見せる」というところにあります。「自分が面白いと思ったモノやコト」を見せて、みんなとその面白さを共有したい。それが私の仕事の原動力になってます。

と、いうことで、本書では、私が実践で学んできた生物学を読者のみなさんの人生に生かせるようにわかりやすく伝えてみました。みなさんの心の中に、「生物学って面白い」、「生態学って奥が深い」という思いがわずかばかりでも湧いてくだされば幸いです。

さて、本書は、初めて口述筆記という形で原稿を作りました。インタビューと録音起こしをしてくださった松本祐貴さんには、大変ご苦労をおかけしました。自分自身も適当にしゃべった内容を改めて読める代物に書き起こす作業に四苦八苦しました……。そんなわけで、えらく原稿を仕上げるのに時間がかかってしまいました。最後まで編集に付き合ってくださった松本さん、そして辰巳出版の小林智広さんには心から感謝申し上げます。そして、最後まで読んでくださったみなさまにも深く深く御礼申し上げます。

五箇公一（ごか・こういち）

1990年、京都大学大学院修士課程修了。同年宇部興産株式会社入社。1996年、博士号取得。同年12月から国立環境研究所に転じ、現在は生態リスク評価・対策研究室室長。専門は保全生態学、農薬科学、ダニ学。

著書に『クワガタムシが語る生物多様性』（集英社）、『終わりなき侵略者との闘い～増え続ける外来生物～』（小学館）など。国や自治体の政策にかかわる多数の委員会および大学の非常勤講師を務めるとともに、テレビや新聞などマスコミを通じて環境科学の普及に力を入れている。

「NHKクローズアップ現代」で解説を務める一方で、フジテレビ「全力！脱力タイムズ」にレギュラー出演するなどバラエティ番組を活用して、環境科学に対する無関心層の引き込みを図っている。

若い頃は登山とバイクツーリングを趣味として、大学時代にオフロードバイクで日本一周ツーリングを敢行、日本各地の原風景を見て回った。現在は怪獣フィギュア収集とCG絵画作成にハマっている。

クワガタナカセというクワガタの背中に寄生するダニのCG（207ページ参照）がいちばんのお気に入りで、2010年に天皇陛下・皇后陛下（現在の上皇陛下・上皇后陛下）が研究所に行幸啓された際に、研究の説明対応を拝命し、両陛下にこのダニCGを献上させていただいたことが生涯最大の誇りとなっている。

STAFF
装丁・デザイン　勝浦悠介
本文イラスト　近藤ゆたか
編集　松本祐貴
企画・進行　小林智広（辰巳出版株式会社）

これからの時代を生き抜くための生物学入門
2020年9月1日　初版第1刷発行

著者　五箇公一

発行人　廣瀬和二
発行所　辰巳出版株式会社
〒160-0022　東京都新宿区新宿2丁目15番14号 辰巳ビル
TEL　03-5360-8064（販売部）
TEL　03-5360-8093（編集部）
URL　http://www.TG-NET.co.jp

印刷・製本　図書印刷株式会社

ISBN978-4-7778-2054-2 C0045